Ebers/Nieschalk
Einfach.Zusammen.Arbeiten

Einfach.Zusammen.Arbeiten

Liberating Structures in der Praxis

Herausgegeben von

Anja Ebers

und

Birgit Nieschalk

Verlag Franz Vahlen München

ISBN Print: 978 3 8006 6693-5
ISBN E-Book: 978 3 8006 6694-2

Wilhelmstr. 9, 80801 München
Satz: Fotosatz Buck
Zweikirchener Str. 7, 84036 Kumhausen
Druck und Bindung: Beltz Grafische Betriebe GmbH
Am Fliegerhorst 8, 99947 Bad Langensalza
Umschlaggestaltung: Ralph Zimmermann – Bureau Parapluie
Illustration: Anja Ebers

CO_2 neutral
vahlen.de/nachhaltig

Gedruckt auf säurefreiem, alterungsbeständigem Papier
(hergestellt aus chlorfrei gebleichtem Zellstoff)

Lust auf *Einfach. Zusammen.Arbeiten?*

Dieses Buch ist für alle, die Liberating Structures kennenlernen möchten, und für alle, die sie bereits anwenden und neugierig sind auf weitere Ideen für Einsatzmöglichkeiten. Es ist für Projektmanager:innen und -mitarbeiter:innen, Führungskräfte und Buchhalter:innen, Innovationsmanager:innen und Prozessexperten, Krankenpfleger:innen und CEOs, Change Agents und Rechtsexpert:innen, Trainer:innen, Facilitator:innen, Lehrer:innen und Bankangestellte … – **kurz gesagt für alle Menschen, die in ihrer Arbeit mit anderen zusammenarbeiten und dafür sorgen möchten, dass alle Beteiligten sich mit Freude einbringen können.**

Liberating Structures strukturieren das Miteinander in Gruppen so, dass jede:r sich auf Augenhöhe einbringen kann. Im deutschsprachigen Raum haben sich Liberating Structures in den vergangenen Jahren in vielen unterschiedlichen Organisationen und Kontexten verbreitet. Es gibt so viele Anwendungsfelder und einen reichen Fundus an Erfahrungen! Und genau um diese Erfahrungen geht es in diesem Buch. Wir möchten euch mit diesem Buch einen Einblick in die Vielfalt der Anwendungsmöglichkeiten geben und euch Lust darauf machen, Liberating Structures in eurem eigenen Umfeld anzuwenden – unabhängig davon, wie ausgeprägt eure eigene Erfahrung mit Liberating Structures schon ist oder ihr bislang nur davon gehört habt.

Ein Buch von der Community für die Community

Uns, Anja und Birgit, verbindet die Begeisterung dafür, was Liberating Structures im Miteinander bewirken. Wir sorgen beide als Co-Organisatorinnen von Usergroups für die Verbreitung und Weiterentwicklung der Liberating-Structures-Praxis – Anja in Berlin, Birgit in Köln. Gemeinsam haben wir das Buchprojekt ins Leben gerufen, Geschichten gesammelt, die Beitragenden koordiniert, die Kapitel zusammengestellt, die Kapiteleinleitungen geschrieben und den Beitrag der beiden Begründer der Liberating Structures, Keith McCandless und Henri Lipmanowicz, für dieses Buch übersetzt.

Doch wir sind nicht allein. An diesem Buch haben 30 Autor:innen mitgeschrieben. Liberating Structures sind nicht nur Methoden oder eine Praxis, sie sind auch eine Community, die mit der Anwendung von Liberating Structures die Art und Weise verändern, wie wir zusammenarbeiten. Deshalb erzählen in diesem Buch Anwender:innen aus der Community in ihren eigenen Worten von der Wirkung der Strukturen in ihrem Alltag.

Einige Gedanken zu diesem Buch

Allen, die noch wenig über Liberating Structures wissen, legen wir den Beitrag „Liberating Structures – Umgangssprache für das tägliche Miteinander" von Keith McCandless und Henri Lipmanowicz auf den folgenden Seiten ans Herz. Darin fassen die beiden kompakt ihre Beweggründe für die Entwicklung der Liberating Structures zusammen, was Liberating Structures sind, wie sie aufgebaut sind und wobei sie angewendet werden können.

Die weiteren Kapitel sind entlang von Anwendungsfeldern strukturiert. Jedem Kapitel haben wir eines der zehn Liberating-Structures-Prinzipien zugeordnet, das durch die Anwendung mit Leben gefüllt wird. In den Geschichten des Kapitels erzählen Anwender:innen in ihren eigenen Worten, wie sie die Strukturen genutzt haben. Die Kapiteleinleitungen helfen dabei, die Geschichten einzuordnen und besser nachvollziehen, welchen Ansatz Liberating Structures im jeweiligen Zusammenhang verfolgen. Die Kapitel und auch die Geschichten sind in sich abgeschlossen – ihr könnt also die für euch relevanten Anwendungsfelder auswählen und sie in einer beliebigen Reihenfolge lesen.

Die einzelnen Liberating Structures erkennt ihr an der Hervorhebung des Strukturnamens (z. B. **1-2-4-All**) und dem jeweiligen Icon. Über den Index könnt ihr gezielt nach Geschichten suchen, die eine bestimmte Liberating Structure verwenden. Detaillierte Beschreibungen der Strukturen mit Schritten und Zeiten findet ihr unter anderem auf den Liberating-Structures-Websites, dem Originalbuch von Keith McCandless und Henri Lipmanowicz, dem deutschsprachigen Buch von Daniel Steinhöfer oder in der LiSa App. Im letzten Kapitel „Los geht's" dieses Buches findest du weitere Tipps zum Kennenlernen und Ausprobieren der Strukturen.

Ein großes DANKE geht an Henri Lipmanowicz und Keith McCandless. Unsere Praxis konnte nur entstehen durch ihre Pionierleistung, die dafür gesorgt hat, dass die mühelose Anwendung der Strukturen heute möglich ist. Unser Dank gilt außerdem allen Liberating-Structures-Anwender:innen weltweit, durch deren Inspiration, Unterstützung und Freigebigkeit im Teilen von Erkenntnissen dieses Buch erst möglich wurde.

Zum Gendern: Liberating Structures strukturieren das Miteinander in Gruppen so, dass jede:r sich auf Augenhöhe einbringen kann. Deshalb verwenden wir für eure Ansprache in diesem Buch den informellen Plural. Das Buch entstand zu einer Zeit intensiver gesellschaftlicher Diskurse zum Gendern in geschriebenen Texten. Als Herausgeberinnen-Duo und Fans von Struktur ist unser Beitrag zu diesem Diskurs die Verwendung des Binnen-Doppelpunkts.

Inhaltsverzeichnis

Henri Lipmanowicz

"Ich verwende LS für alles!"

Keith McCandless

"Für mich sind Liberating Structures ein guter Anfang, um einen ganz neuen Weg zu finden, sich zu organisieren – einen Weg, der jede Stimme in die Gestaltung unserer Zukunft einbezieht und zur Entfaltung bringt."

Liberating Structures – „Umgangssprache" für das tägliche Miteinander[1]

Liberating [Verb]: sich von aufgezwungenen, kontrollierenden Strukturen lösen.

Structures [Nomen]: einfache Spielregeln, die festlegen, wie Menschen einbezogen werden und sich beteiligen

Liberating Structures (LS) sind einfache Spielregeln, die ermöglichen, jede Stimme bei der Gestaltung der Zukunft mit einzubeziehen und einzubringen. Das Repertoire der LS besteht aus 33 praxisnahen Methoden, die so vielseitig sind, dass jede:r sie für ein breites Spektrum an Tätigkeiten und Herausforderungen einsetzen kann. Liberating Structures können ohne Expertenausbildung angewendet werden. Sie einmal in Aktion zu erleben, genügt vielen Einsteiger:innen, um gute Ergebnisse zu erzielen und sie auch in anderen Bereichen anzuwenden.

[1] Dieser Abschnitt entspricht der ins Deutsche übersetzten und leicht gekürzten Version des Artikels „Liberating Structures: Change Methods for Everybody Every Day" von Henri Lipmaniwicz & Keith McCandless. https://medium.com/@keithmccandless/liberating-structures-change-methods-for-everybody-every-day-648e9c0d04a7. Henri Lipmaniwicz und Keith McCandless haben die Übersetzung und den Abdruck ihres Artikels ausdrücklich genehmigt.

Wir glauben, dass die meisten Menschen jede:n einbeziehen und sich entfalten lassen wollen, aber nicht wissen, wie. Mit LS gelingt das einfach und ist leicht umsetzbar.

Seit der Veröffentlichung unseres Buches „The Surprising Power of Liberating Structures“ im Jahr 2013 haben viele Menschen Liberating Structures auf allen Kontinenten und in allen Berufsbereichen verbreitet. Um unsere Erfahrungen und die Erfahrungen der Nutzer:innen zu teilen, wollen wir auf die folgenden Fragen eingehen:

- Warum brauchen wir eine einfache „Umgangssprache“?
- Wieso haben die 33 Liberating Structures das Potenzial, zur Art und Weise zu werden, wie wir zusammenarbeiten und miteinander umgehen?
- Welche Prinzipien werden durch Liberating Structures ständig gestärkt?
- Was macht LS für unsere heutige komplexe Zeit so wertvoll?
- Wie laden Liberating Structures Einzelpersonen und Organisationen dazu ein, vorher ungekannte Möglichkeiten auszuloten und zu entwickeln?
- Wie lernen Menschen LS kennen und verbreiten sie?
- Wie schaffen wir es, dass Liberating Structures zur „Umgangssprache“ werden?

Warum brauchen wir eine einfache „Umgangssprache“?

Die meisten Menschen wollen bessere Ergebnisse erzielen und erfolgreicher sein. Bewusst oder unbewusst suchen wir nach besseren Wegen, unsere tägliche Arbeit zu erledigen, sei es bei der Problemlösung, beim Lernen, beim Treffen von Entscheidungen, bei der Arbeit an Projekten oder bei der Planung. Dennoch schenken wir der Art und Weise, wie das alltägliche Miteinander tatsächlich stattfindet, wenig Aufmerksamkeit und übersehen, wie unsere Gewohnheiten mit den angestrebten Ergebnissen zusammenhängen.

Gleichzeitig sind fast alle frustriert über die Einschränkungen konventioneller Ansätze; **lauscht man den Gesprächen am Ende der meisten Sitzungen, so wiederholen sich die Themen: Langeweile, Gleichgültigkeit, Widerstand, das Gefühl, nicht gehört oder herumgeschubst zu werden**. Hinzu kommt, dass konventionelle Vorgehensweisen uns oft dazu ermutigen, miteinander zu konkurrieren, anstatt zu kooperieren und die kollektive Intelligenz um uns herum zu nutzen.

Die traditionellen Vorgehensweisen, die wir instinktiv und routinemäßig anwenden, um Arbeit gemeinsam mit Kollegen zu erledigen, sind ein Grund dafür, dass dieser Zustand anhält. Wir nennen sie *Mikrostrukturen*; sie kommen so automatisch zum Einsatz, dass sie „unsichtbar“ geworden sind und ihre Bedeutung und ihr Einfluss auf die Ergebnisse schnell übersehen wird.

Die am häufigsten verwendeten und nicht sehr effektiven Mikrostrukturen (die sog. „großen Fünf“) sind: Präsentation, moderierte Diskussion, Statusbericht, Brainstorming und offene Diskussion (Abbildung 1).

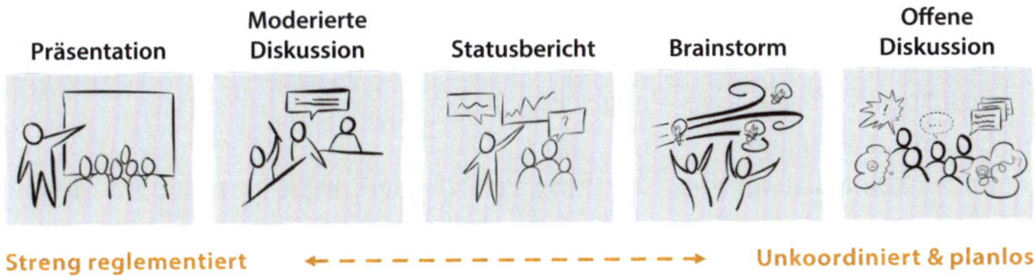

Die unbeabsichtigte Folge dieser konventionellen Vorgehensweisen: eine Beteiligung an der Gestaltung der nächsten Schritte wird verhindert oder im Keim erstickt, da sie entweder zu sehr einengen oder das Thema zerreden. Konventionelle Herangehensweisen bieten häufig keinen Raum, damit gute Ideen entstehen und geteilt, kombiniert und verfeinert werden können. So wird eine Unmenge an Zeit und Geld darauf verwendet, mit falschem Vorgehen die Probleme zu lösen, die durch diese erst geschaffen oder verschlimmert wurden.

Auf einer breiteren Ebene bedeutet dies, dass umfassende Veränderungen in Organisationen oder Gemeinschaften nicht stattfinden oder dauerhaft bestehen bleiben, wenn es keine Veränderung bei den beteiligten Personen und ihrer täglichen Gewohnheiten, Praktiken und Interaktionen gibt.

Wandel kann nicht breit genug angelegt sein: Nur wenn viele, nicht nur als Beteiligte, sondern auch als Akteure des Wandels, voll in die Gestaltung ihrer Zukunft einbezogen werden, bewirken sie etwas. Für die erfolgreiche Bewältigung vieler Herausforderungen jedweder Organisation ist entscheidend, dass sich alle daran beteiligen. Dies bedarf einer Herangehensweise, die Führung und Kontrolle produktiv verteilt, und zwar in einer Vielzahl von Situationen, sei es Klassenzimmer, Sitzungssaal, bei Gemeindeversammlungen oder Fachkonferenzen: Vorgehensweisen, die Menschen routinemäßig, jeden Tag, anwenden können.

Innovation ist ein anderes Wort für Wandel. Damit eine Organisation vital bleibt, muss auf allen Ebenen Veränderung und Innovation möglich sein. Nur wenn alle angesprochen und einbezogen werden, können Veränderungen zu einem festen Bestandteil des Arbeitsalltags werden. In einem solchen Szenario ist der Wandel evolutionär: Jede:r ist eingeladen, eine aktive Rolle zu spielen, und wird befähigt, einen Beitrag zu leisten. So kann Innovation und Verbesserung überall, zu jeder Zeit und auf jeder Ebene der Organisation entstehen.

Die Anforderungen an kleine Veränderungen sind ähnlich wie die Anforderungen an systemische, große Veränderungen. Die Managerin, die die Leistung der Abteilung verbessern, der Lehrer, der die Studierenden einbeziehen möchte, die Gemeinderätin, die versucht, den Bürgern mehr Gehör zu verschaffen, der IT-Fachmann, der sich ein effektives, agiles Team wünscht, die Ärztin, die die Teamarbeit verbessern möchte – sie alle brauchen **Methoden, die einfach, schnell zu erlernen, leicht anzuwenden und endlos anpassbar sind**. Zu den Schlüsselmerkmalen solcher Methoden gehören:

- **Vielseitig**
  In vielen verschiedenen Situationen einsetzbar, unabhängig von Beruf, Position, Kultur oder Aufgabe einer Person.
- **Leicht zu erlernen**
  Es ist keine aufwendige Schulung erforderlich; man kann sie sich leicht aneignen.
- **Expertenfrei**
  Jede:r kann sie nach wenigen Minuten Einführung nutzen.
- **Ergebnisorientiert**
  Schnelles Erzielen konkreter Ergebnisse, damit die Beteiligten das Momentum beibehalten und mitwirken.
- **Schnelle Abfolgen**
  Kurz genug, um sich in den bestehenden Arbeitsrhythmus einzufügen, und schnell wiederholbar, um bessere Ergebnisse zu erzielen.
- **Skalierbar**
  Verwendbar in unterschiedlichen Gruppengrößen und alltäglichen Aufgaben genauso wie in Projekten oder Vorhaben.
- **Freudvoll**
  Die Teilnehmenden erleben die Zusammenarbeit als angenehm und beflügelnd.

Natürlich sträuben wir uns gegen Veränderungen, die uns aufgezwungen werden – die „gute Idee" eines anderen oder sogenannte „bewährte Praktiken". Folglich wird viel Energie damit vergeudet, zu überzeugen und Unterstützung „einzukaufen". Einen solchen Widerstand gibt es nicht, wenn die gute Idee die *gemeinsame* Idee ist: hervorgegangen aus einem Prozess, an dem wir als vollwertige Teilnehmende mitgewirkt haben, einschließlich der Wahl der für die Ausgestaltung des Prozesses verwendeten Methoden. So hat der Wandel das Potenzial, evolutionär zu werden, d. h. Veränderungen entstehen auf natürliche Weise, spontan, und werden von innen heraus fortgeführt, anstatt abrupt von oben aufgezwungen zu werden.

Wieso haben die 33 Liberating Structures das Potenzial, zur Art und Weise zu werden, wie wir zusammenarbeiten und miteinander umgehen?

„Die wichtigsten Aspekte der Dinge sind durch ihre Einfachheit und Alltäglichkeit verborgen."
Ludwig Wittgenstein

Liberating Structures (LS) sind einfache Methoden, Zusammenarbeit zu gestalten, die jeder anwenden kann, um die Art und Weise, wie Arbeit erledigt wird, jetzt und in Zukunft zu verbessern oder zu verändern.

Jede einzelne der 33 Strukturen beruht auf der Absicht, alle einzubeziehen und einzuladen, an der Gestaltung der gemeinsamen Schritte der Gruppe mitzuwirken. Die Strukturen sind leicht zu erlernen und erfordern keine langwierige Ausbildung. Sie sind einfach zu benutzen und man muss keine Experten hinzuziehen. Schritt-für-Schritt-Beschreibungen für jede Struktur sind auf der Website www.liberatingstructures.com frei verfügbar. Mit der LiSa App, die sowohl für iOS- als auch für Android-Geräte verfügbar ist, ist die Beschreibung aller 33 buchstäblich in der Hosentasche griffbereit. Da die meisten LS nur 10 bis 30 Minuten benötigen, passen sie problemlos in ein normales Arbeitstreffen oder einen Workshop.

Die Auswahl der zu verwendenden LS ist einfach, da es für jede LS einen Satz gibt, der das Ergebnis beschreibt, das die Anwendung der jeweiligen Mikrostruktur verlässlich hilft, zu erzielen.

Was LS ideal für die tägliche Arbeit macht: wenn eine Person sie nutzt, lernt gleichzeitig jede:r in der Gruppe die Strukturen durch ihre Anwendung kennen. Es ist für jede:n erlebbar, wie man sie einsetzt und welche Ergebnisse man mit der jeweiligen Struktur erzielen kann.

Unserer Erfahrung nach kann jede:r schnell aus der Rolle des bloßen Teilnehmenden zu der des aktiven Mitgestaltenden wechseln. Über die Auswahl einer Struktur oder die Moderation der Gruppe seid ihr sogar in der Lage, spontan zu improvisieren, um das Momentum der Gruppe zu nutzen.

Obwohl jede Struktur präzise ausgestaltet und beschrieben ist, sind sie alle in der Anwendung recht „verzeihend“: Auch wenn eine Struktur nicht „perfekt“ umgesetzt wird, entstehen interessante und lohnende Ergebnisse. Anwender:innen berichten, dass das Erarbeitete in jedem Fall hilfreicher ist als das, was konventionelle Strukturen in der Lage sind, hervorzubringen. Teilnehmende schätzen es, von Anfang bis Ende voll einbezogen zu werden, sie mögen das Tempo und die Lebendigkeit, das nicht seltene Lachen – kurz gesagt, sie schätzen alles, was ihnen bei herkömmlichen Mikrostrukturen fehlt.

Sobald wir „strukturbewusst“ beobachten, was passiert, fällt uns auf, dass wir täglich Mikrostrukturen nutzen, um unsere Arbeit zu erledigen. Im Repertoire der Liberating Structures gibt es die Auswahl an 33 einfachen Alternativen, um bessere Ergebnisse zu erzielen. Unserer Erfahrung nach wollen alle, die einmal die Arbeit mit Liberating Structures erlebt haben, nicht wieder zum herkömmlichen Miteinander zurück.

Welche Prinzipien werden durch Liberating Structures ständig gestärkt?

Allzu oft gibt es Werte in Organisationen, ohne Klarheit darüber, wie sie im täglichen Miteinander umgesetzt werden können. So werden „Förderung funktionsübergreifender Zusammenarbeit“, „mehr Eigenverantwortung für Mitarbeitende“, „kreatives Denken“ zu Worthülsen, wenn sie nicht mit Praktiken einhergehen, mit denen man sie erreichen kann.

Wenn hingegen Liberating Struktures in die Praxis umgesetzt werden, ergeben sich eine Reihe von Verhaltensänderungen, die nach und nach zu Arbeitsprinzipien werden können.

Zum Beispiel wird die Einbeziehung aller Beteiligten zur neuen Norm, da sie durch alle Strukturen routinemäßig ermöglicht wird. Die folgende Übersicht zeigt die zehn Prinzipien, die durch Liberating Structures ständig verstärkt werden. Die spezifischen Verhaltensweisen, die verstärkt oder unterbunden werden, lassen gleichzeitig klare Kriterien entstehen, um mit Fragen wie „Haben wir alle einbezogen? oder „Haben wir zur kreativen Zerstörung eingeladen?" den Fortschritt zu evaluieren.

Wenn eine Gruppe in der Lage ist, nach diesen Prinzipien zu handeln, wird sie einfallsreicher in der Art und Weise, ihre gemeinsamen Ziele zu verfolgen. Angst, Widerstand und Spaltung nehmen ab. Es entwickelt sich ein tieferes Verständnis und Einfühlungsvermögen unter den Teilnehmenden. Lehrende und Schüler:innen lernen gemeinsam. Berater:innen und Kund:innen entwickeln gemeinsam Lösungen. Ärzt:innen und Patient:innen gestalten gemeinsam die Genesung. Plötzlich können unterschiedliche Perspektiven produktiv wahrgenommen werden und es eröffnen sich neue Möglichkeiten. Teilnehmende gestalten so zunehmend ihre gemeinsame Zukunft generativ (lat. generare, erzeugen/hervorbringen) miteinander.

Was macht LS für unsere heutige komplexe Zeit so wertvoll?

Liberating Structures entstanden aus unserem Interesse an der Wissenschaft von komplexen oder lebendigen Systemen (Komplexitätslehre/Systemtheorie) und ihrer Übertragbarkeit auf das Zusammenspiel menschlicher Organisationen.

Seit dem Industriezeitalter ist die vorherrschende Metapher für organisatorische Abläufe die Maschine. Eine gute Organisation soll danach wie ein Uhrwerk funktionieren: ein System aus miteinander verbundenen, zuverlässigen Einzelteilen (Menschen, Prozesse, Steuerungsmechanismen), das von oben gesteuert und kontrolliert wird und vorhersehbare Ergebnisse liefern soll.

Wir kamen jedoch zu der Überzeugung, dass dieser mechanische, lineare Ansatz Organisationen nur unzulänglich beschreibt und durch eine Metapher aus der Natur ersetzt werden sollte. In anderen Worten sind Organisationen keine Maschinen, sie sind komplexe lebendige Systeme, die sich wie Ökosysteme verhalten und entwickeln. Soweit, so eingänglich. Die schwierigere Frage ist: Wenn Organisationen lebendige Systeme sind, wie sollten dann deren Mitglieder Abläufe steuern, Entscheidungen treffen, Probleme lösen, managen, sodass es ins Bild passt?

Also fingen wir an, Methoden zusammenzustellen, die man in seine Routinen übernehmen kann, um Komplexität zu managen. Wir sammelten Vorgehensweisen, die das derzeitige Managen auf eine eher „mechanische Weise“ ersetzen oder ergänzen. Wir borgten, modifizierten und erschufen Methoden, die unseren Anforderungen entsprachen. Im Laufe der Zeit vereinfachten wir unseren Ansatz, sodass niemand mehr in die Komplexitätstheorie eintauchen oder deren Terminologie verstehen muss, um die Methoden anzuwenden. Stattdessen kann man die Methoden anhand der Ergebnisse auswählen, die sie erzielen.

Beim Vereinfachen und Systematisieren entdeckten wir, dass wir jede einzelne der Methoden mit fünf mikrostrukturellen Elementen beschreiben konnten:

- Einladung,
- Verteilung der Mitwirkung,
- Konfiguration der Gruppe(n),
- Abfolge der Schritte und Zeiteinteilung sowie
- Raumgestaltung (siehe die folgende Abbildung).

Die so zusammengestellten Vorgehensweisen waren in der Tat Strukturen oder, wie wir es nennen, **Mikrostrukturen: temporäre Festlegungen, die organisieren, wie eine Gruppe zusammenarbeiten kann, um bestimmte Ziele zu erreichen.** Es stellte sich heraus, dass jede Methode, die zur Organisation von menschlicher Zusammenarbeit verwendet wird, die gleiche strukturelle DNA hat, die aus den gleichen fünf Mikrostrukturelementen besteht.

Mikrostrukturelle Designelemente

Was ist also anders an der DNA der LS, dass sie so gut geeignet sind, unsere immer komplexere Welt zu bewältigen, während dies bei herkömmlichen Mikrostrukturen nicht der Fall ist? Ihre Wirkung beruht auf den fünf Gestaltungselementen:

Raumgestaltung & Materialien
Der Raum, in dem die Arbeit erledigt wird, ist in der Regel festgelegt. Dieses Element definiert, wie der Raum geformt, modifiziert oder angepasst wird, je nachdem, was erforderlich ist, um die gewählte Struktur am besten umzusetzen.

Schrittfolge und Zeitplanung
Die Arbeit ist in handhabbare Stücke zerlegt, die logisch aufeinander folgen, um den erklärten Zweck der gewählten Struktur zu erreichen.

Konfiguration der Gruppe(n)
Die meiste Arbeit wird in Kleingruppen geleistet, alle arbeiten parallel, tauschen dann Ergebnisse aus und kommen in schnelle Zyklen voran.

Verteilung von Teilnahme und Mitwirkung
Es gibt keine künstliche, willkürlich festgelegte Begrenzung der Teilnehmerzahl! JEDE*R, Betroffene kann IMMER einbezogen werden und erhält die gleiche Zeit und Gelegenheit, ihren/seinen Beitrag zu leisten.

Die Einladung
ist eng mit dem Zweck jeder LS verbunden, aber sie überlässt allen Teilnehmenden die volle Kontrolle über die generierten Antworten und Inhalte.

Zum Beispiel ist eine der grundlegendsten Strukturen – **1-2-4-All** – darauf ausgelegt, in schnellen Abfolgen gemeinsam viele Ideen zu generieren und zu sichten (siehe die folgende Abbildung). Sie ist eine Alternative für Brainstormings und Statusberichte und oft Teil anderer Liberating Structures.

LS-Nutzer:innen entdecken schnell, dass es möglich und gar nicht so schwierig ist, alle einzubeziehen und allen die Möglichkeit zu geben, ihren Beitrag zu leisten. Die Ergebnisse sind überraschenderweise besser als erwartet und haben oft Begeisterung und eine einfache Implementierung zur Folge. Außerdem setzt jede auf diese Weise zusammen gemachte Erfahrung mehr gemeinsame Möglichkeiten und Vertrauen in den anderen frei. Dies erstickt wiederum jeden Wunsch, zu konventionellen Mikrostrukturen zurückzukehren, und macht Appetit darauf, weitere LS auszuprobieren oder zu erfinden.

Die 33 LS decken schon jede für sich ein sehr breites Spektrum von Verwendungszwecken ab, von der Verbreitung von Ideen bis zur Strategieentwicklung. Aber was die LS wirklich leistungsstark macht, ist die unerschöpfliche Variation und Vielseitigkeit, die durch *Kombination* mehrerer Strukturen entsteht. Die Verknüpfung bietet nicht nur Alternativen zur Bewältigung jeder Heraus-

Die „DNA" von 1-2-4-All

Einladung
Eine Frage, die nach Ideen oder Vorschlägen zu einem Thema fragt (z. B. Welche Möglichkeiten siehst du, um bei dieser Herausforderung Fortschritte zu erzielen? Welche Ideen oder Aktionen würdest du empfehlen? Welche Fragen hast du?).

Verteilung der Mitwirkung
Jeder erhält die gleiche Zeit und Gelegenheit zur Mitwirkung.

Raumgestaltung & Materialien
4 Stühle pro Tisch, Gruppen von 4 Stühlen ohne Tische oder ein freier Raum zum Bewegen; Notizblöcke zur Aufzeichnung von Beobachtungen und Einsichten.

Konfiguration der Gruppe
Einzelperson, Paare, Vierergruppen, ganze Gruppe (in dieser Reihenfolge).

Schrittfolge und Zeitablauf

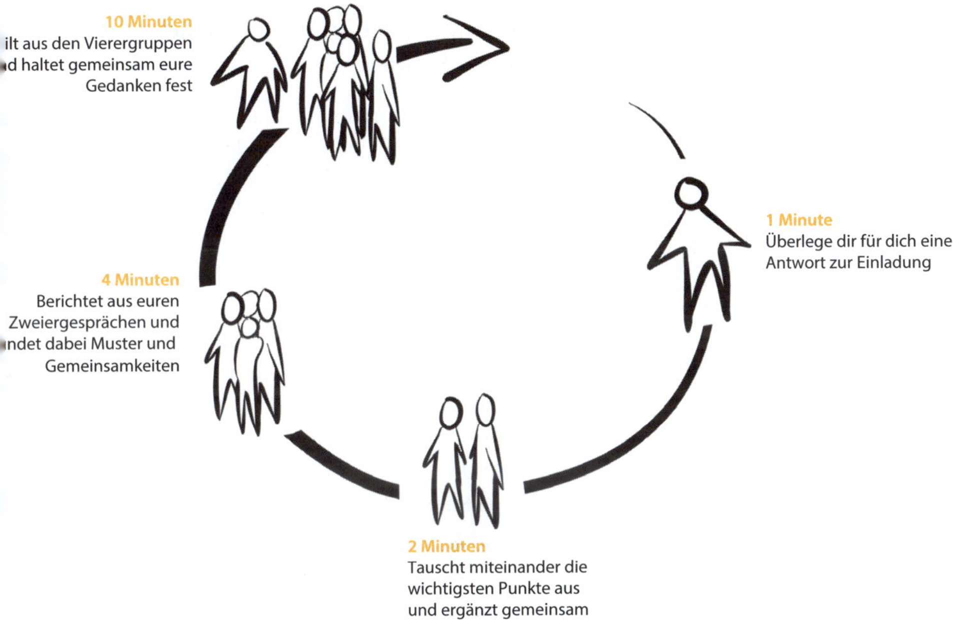

forderung, sondern ermöglicht es auch, komplexe Probleme anzugehen, die von Gruppen eher vernachlässigt werden. Anwender:innen berichten, dass durch die kürzere Taktung der Abfolgen viel mehr erreicht werden kann.

Der Fortschritt jeder Struktur baut dabei auf der vorhergehenden auf und bestimmt das nächste Teil des komplexen Puzzles. Alle sind miteinander in Aktion, leisten wertvolle Beiträge zu selbst identifizierten Problemen und vertrauen bei der Ideenfindung aufeinander. LS verteilen die Verantwortung auf eine Art und Weise, die hilft, funktionale Rollen und Positionen zu überwinden. Die Kluft zwischen Entscheider:in und Macher:in wird kleiner oder verschwindet ganz. Der traditionell kleine Kreis der Strategen wird wesentlich weitergezogen und es entsteht durch diese Vielfalt der Stimmen eine ganz neue Veränderungsbereitschaft und Dynamik. Wenn die Beteiligten ihren Weg in die Zukunft gemeinsam gestaltet haben, braucht es keine ausgeklügelten Anreizsysteme und Rollout-Aktivitäten für das Entwickelte. Momentum entsteht durch alle Stimmen, die ihre Zukunft selbst gestalten.

Es mag übertrieben klingen, aber wir sind davon überzeugt: Bis heute ist uns nirgends auf der Welt eine Situation begegnet, für die es nicht möglich gewesen wäre, mindestens eine oder sogar mehrere Abfolgen von LS zu finden, die zur Lösung beitragen.

Wie laden Liberating Structures Einzelpersonen und Organisationen dazu ein, vorher ungekannte Möglichkeiten auszuloten und zu entwickeln?

Berater:innen und professionellen Facilitator:innen, egal ob extern oder intern, ermöglichen Liberating Structures, die primäre Rolle der Expert:innen oder Taktgebenden für Veränderung zu ändern und zu Coaches, Partner:innen und Bindegliedern zu werden. Primäres Ziel dabei: die Expertise in der Anwendung der LS an die Kund:innen weiterzugeben und ihnen dabei zu helfen, diese Expertise weiter auszubauen. Ein weiteres Ziel ist, Kund:innen dabei zu unterstützen, Veränderungsmöglichkeiten zu erkennen und geeignete Konzepte für deren Bewältigung zu entwickeln.

Auf den ersten Blick sieht es so aus, als ob man sich überflüssig macht, indem man sein gesamtes Fachwissen weitergibt. In Wirklichkeit wertet es die Rolle des Beratenden auf und macht sie strategischer und weniger taktisch.

Manager:innen oder Führungskräften bieten LS einfache Methoden, um in jeder Situation bessere Ergebnisse zu erzielen. Leistungsverbesserung ist keine banale oder eintönige Aufgabe, vorausgesetzt, wir sind bereit, möglichst viele der betroffenen Personen (Mitarbeiter:innen, Kund:innen usw.) einzubeziehen. Problemlösung, Entscheidungsfindung, Planung oder Innovation werden damit zu Prozessen, die das Managen eher erleichtern, als es zu behindern. Das bedeutet, die Fähigkeit zu entwickeln, konventionelle Funktionen und Aktivitäten grundlegend neu zu gestalten. Und es bedeutet, unser Wissen zur Verwendung der LS auf alle um uns herum zu übertragen.

Lehrenden oder Professor:innen ermöglichen LS die Gestaltung von Programmen, die jede Gelegenheit nutzen, Schüler:innen und Student:innen in die Ausgestaltung des eigenen Lernens, des gemeinsamen Lernens und der Selbsterkenntnis einzubeziehen. Klassische Vorlesungen können so reduziert oder ganz gestrichen werden, das Klassenzimmer wird durch die Kombination spezifischer Lernziele mit LS zum Ort für Begegnungen, die das Wissen und den Einfallsreichtum aller Anwesenden nutzen. Das bedeutet, den Studierenden schon früh die Anwendung einiger grundlegender LS beizubringen, und sie schließlich in die Programmgestaltung einzubeziehen.

Liberating Structures bieten Lehrenden und Professor:innen auch Strukturen, mit denen die eigene berufliche Entwicklung und das Lernen gemeinsam mit Kolleg:innen neu gestaltet werden kann.

Einzelpersonen, unabhängig davon, ob sie mit jemand anderem interagieren oder etwas allein durchdenken, ermöglichen LS, effektiver, zielgerichteter, engagierter, überlegter und sorgfältiger zu sein.

Die meisten LS lassen sich, ganz oder teilweise, leicht an Gespräche zu zweit oder für das individuelle Nachdenken anpassen. Gespräche oder Denkprozesse können mit Fragen aus einer Liberating Structure (z. B.: Was sind meine 15 %-Lösungen?) oder als ganze Abfolge von Fragen strukturiert werden: z. B. mit dem neunfachen „Warum?“ der **9 Whys** oder der aufeinander aufbauenden Abfolge der Fragen aus **What, So What, Now What**.

Indem wir uns unsere Denk- und Gesprächsprozesse bewusster machen, werden wir mit LS produktiver und schließlich gut darin, mit einfachen Strukturelementen zu experimentieren.

Organisationen oder Gemeinschaften, die LS in nennenswertem Umfang einsetzen, eröffnet sich durch die freigesetzte kollektive Leistungsfähigkeit die Möglichkeit, sich zusammen neu zu erfinden. Die Verwendung von LS schafft günstige Bedingungen für alle, die erkunden wollen, wie sie ihre Gewohnheiten ändern können.

Durch die in der Folge immer müheloser zu erreichenden Ergebnisse verändern sich die Überzeugungen darüber, was möglich ist. So entsteht kulturelle Veränderung auf gesunde, natürliche Weise.

LS bieten einen neuen Ansatz, die Art und Weise zu organisieren, wie jeder im alltäglichen Miteinander seine Fähigkeiten und Kreativität voll einbringen kann. Uns wird immer wieder berichtet, dass LS dabei helfen, eine Vielzahl anderer etablierter oder neuer Ansätze wie Agilität, Lean, Holacracy, Design Thinking und dergleichen effektiver umzusetzen.

LS machen es möglich und einfach, dass jede:r jeden Tag eine Stimme als Interessenvertreter:in hat, dass jede:r jeden Tag die Freiheit hat, zu handeln und Chancen zu ergreifen, und dass jede:r jeden Tag die Stimmen anderer berücksichtigt und gemeinsam Möglichkeiten entdeckt, die es vorher nicht zu geben schien. Das verändert das Miteinander und ist potenziell lebensverändernd für jede:n, der sie nutzt.

Wie lernen Menschen Liberating Structures kennen und verbreiten sie?

Ohne eine offizielle Organisation zur Verbreitung der LS haben Nutzer:innen die Initiative ergriffen und bieten Immersion Workshops an, organisieren User Groups für Anwender:innen, coachen Neulinge und haben Beratungsfirmen gegründet, die Organisationen mit dem LS-Ansatz begleiten. Zusammen hat die Gemeinschaft der LS-Praktizierenden die Strukturen für die Online-Nutzung angepasst und unterstützende Materialien erstellt. Als Reaktion auf die COVID-19-Pandemie hat die LS Community kreative Wege entwickelt, um 95 % der LS-Methoden auf einer Vielzahl von Online-Meeting-Plattformen anwendbar zu machen.

Weil Liberating Structures einfach und leicht zu erlernen sind und weil eine Mikrostruktur ausreicht, um die ersten Schritte zu machen (z. B. mit 1-2-4-All), gelingt einem beträchtlichen Teil der Nutzer:innen der Einstieg dadurch, dass sie die frei verfügbaren Ressourcen (z. B. die LS-Website und LS-App) nutzen. Bei vielen springt der „LS-Funke“ beim Erleben einer Struktur während eines Treffens über, und sie fangen selbst an zu experimentieren.

Wenn uns bewusst wird, dass wir und alle um uns herum im täglichen Miteinander ständig Mikrostrukturen verwenden, fangen wir an, aufmerksam zu werden und uns für andere Strukturen wie LS zu interessieren.

Eine bewährte Praxis zur Verbreitung der LS ist, die Erfahrungen unmittelbar nach der Anwendung einer Struktur mit den Beteiligten zu besprechen. Auf diese Weise wird die Aufmerksamkeit auf die Art und Weise gelenkt, wie die Ergebnisse generiert wurden und die Einfachheit und Reproduzierbarkeit der Methoden verstärkt. **Indem man den Fokus auf die mikroorganisatorischen Elemente lenkt oder die Beteiligten einfach nur dazu eingeladen werden, zu erkennen und zu analysieren, welchen Unterschied die Struktur in ihrem Erleben gemacht hat, entsteht ein tieferes Verständnis dafür, wie Mikrostrukturen die Leistung und die Nutzung der Erfahrungen der Beteiligten fördern.**

Durch gemeinsame Erfahrungen und Weitererzählen haben sich die LS wie von selbst verbreitet. Diese Verbreitung fühlt sich mehr wie eine Bewegung als eine orchestrierte Einführung oder Schulung an. Liberating Structures sind so klein angelegt, dass sie mit bestehenden Veränderungsansätzen gut zusammenspielen. Sie passen besonders gut zu Initiativen, die darauf abzielen, mehr Freiheit und mehr Eigenverantwortlichkeit zu erreichen. Dazu gehört ein vielfältiges Spektrum lohnender Vorhaben – vom Bürger-Engagement oder Initiativen für mehr soziale Gerechtigkeit bis hin zur Softwareentwicklung, von der Neuerfindung des Schulunterricht bis hin zur Ausgestaltung von Innovations-Hubs.

Zu den stärker strukturierten Möglichkeiten, die Liberating Structures mit anderen zu lernen, gehören User Groups und Immersion Workshops. Zurzeit gibt es etwa 60 User Groups in 25 Ländern. Sie treffen sich regelmäßig – und jede:r ist willkommen, sich dem Austausch, Lernen, Üben und Netzwerken anzuschließen. Die Liste wird auf der Website https://www.liberatingstructures.com/user-group/ gepflegt.

Wie schaffen wir es, dass Liberating Structures zur „Umgangssprache" werden?

Ich verstehe nicht, warum Leute vor neuen Ideen Angst haben. Ich habe Angst vor den alten.
John Cage

Wir laden alle dazu ein, dabei mitzuhelfen, Liberating Structures in den Alltag zu integrieren – bei Kolleg:innen, Freund:innen oder in der Familie. Ihr tut ihnen und euch einen Gefallen und werdet davon profitieren, dass ihr von Menschen umgeben seid, die diese Strukturen nutzen.

Liberating Structures sind so universell einsetzbar, weil die Verbesserung der Art und Weise, wie Menschen miteinander umgehen, oft Einfluss darauf hat, wie erfolgreich sie in ihrer Arbeit und ihrem Leben sind. Herkömmliche Bildungswege oder traditionelle Arbeitsweisen bereiten uns nicht ausreichend auf den produktiven Umgang miteinander vor. Zu häufig werden die gleichen (alten) Methoden vermittelt, die Pädagog:innen und Manager:innen schon immer angewendet haben. **Es braucht Strukturen für das Miteinander, die leicht zu erlernen und viel wirkungsvoller sind.**

Liberating Structures sind Methoden mit einem klaren Ziel: die persönliche und gemeinschaftliche Leistung zu verbessern. Jede:r kann zumindest einige von ihnen leicht erlernen und anwenden. Lasst uns also Wege finden, damit Liberating Structures zu unserer täglichen „Umgangssprache" werden: Versuch dich an einer Vokabel, dann an einem Satz und beobachte, was sich für dich verändert.

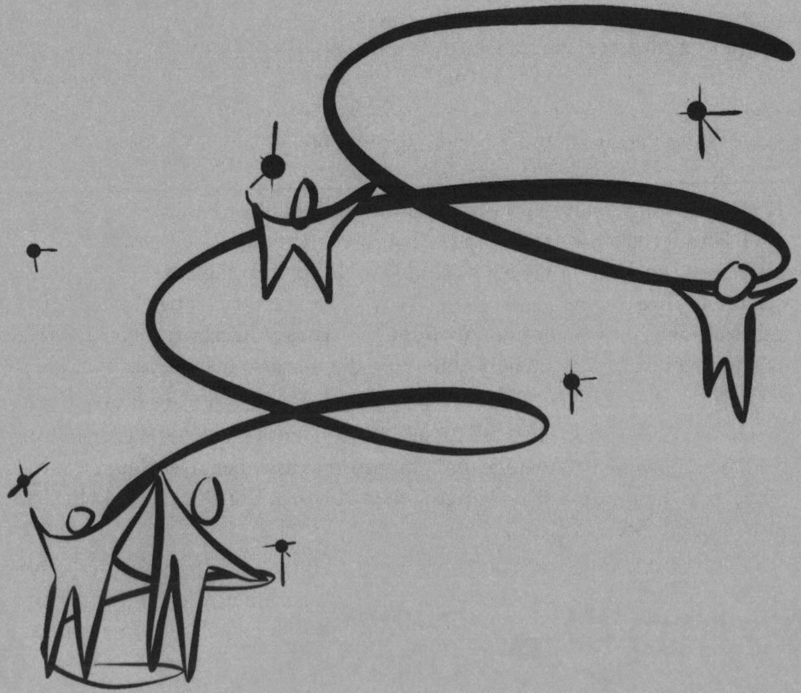

1.
Von Teilnehmenden zu Teilgebenden

Was wäre, wenn wir es auf Konferenzen schaffen, den gesamten Erfahrungsschatz und die Expertise aller Anwesenden einzubinden?

Konferenzen und Veranstaltungen sind in unserer Arbeitswelt eine Gelegenheit, Erkenntnisse weiterzugeben, Wissen zu erweitern und sich Impulse zu holen und mit Menschen zu vernetzen und auszutauschen. Ob Ärztekongress, Marketing Summit oder IT-Messe, solche Treffen sind zentrale Gelegenheiten für Wissensaustausch und Vernetzung innerhalb und über die eigene Branche hinaus.

Wissensaustausch und Vernetzung ist für die Evolution unserer Arbeit essenziell. Hunderte, teilweise tausende Menschen nehmen sich für einige Stunden oder sogar mehrere Tage Zeit. Sie lassen dafür ihre tägliche Arbeit ruhen, schaufeln ihre Kalender frei, nehmen weite Fahrten und lange Tage auf sich, um sich offline oder online zuzuschalten. Dieser Ressourceneinsatz zeigt, wie wertvoll solche Branchentreffen und der daraus entstehende Nutzen ist.

Viele dieser Zusammenkünfte folgen einem Schema, das so vertraut ist, dass es nach wie vor kaum infrage gestellt wird. Den Kern einer Veranstaltung bilden üblicherweise Vorträge und Podiumsdiskussionen. Der Raum ist voller Experten, doch nur einige wenige stehen vorn auf der Bühne und teilen ihr Wissen und ihre Erfahrung.

So wertvoll Weitergabe von Wissen oder Informationen in diesen herkömmlichen Formaten ist, so wenig sind sie dazu geeignet, die Interessen allen Anwesenden gleichermaßen zu befriedigen, und die geballte Expertise der Teilnehmenden bleibt im Verborgenen.

Harrison Owen, der Entwickler von „Open Space Technology“, ließ sich für sein bahnbrechendes Format von folgender Rückmeldung inspirieren: „Das Wertvollste an der Konferenz war der Austausch in den Kaffeepausen.“ Wir empfinden also oft nicht die Studienergebnisse, die Expertenrunden oder die Präsentationen als das Wertvollste, sondern den anschließenden Austausch darüber und die Verbindung mit Gleichgesinnten. Wenn Austausch und Verbindung als besonders wertvoll erlebt werden, wie kommt es, dass so wenig Raum dafür eingeplant wird?

Die Geschichten in diesem Kapitel erzählen davon, wie ihr mithilfe von Liberating Structures für die Einbindung aller und ihre gegenseitige Vernetzung sorgen könnt. Sie geben euch Impulse, wie ihr mit kleinen Veränderungen in der Struktur bereits etwas bewirkt und Teilnehmende in Teilgebende verwandelt.

Indem ihr auf Veranstaltungen Möglichkeiten zur Einbindung und Vernetzung schafft, füllt ihr das zentralste aller Liberating-Structures-Prinzipien „Gebt allen eine Stimme und beteiligt sie“ („Include & Unleash everyone“) mit Leben.

Mit mehr Vernetzung und Austausch kommen die Teilnehmenden aus ihrer Konsument:innen-Rolle heraus und tragen zum Gelingen der Konferenz bei. Statt verschiedene Meinungen mit stundenlangen Vorträgen zum Verstummen zu bringen und damit Zustimmung zu erzwingen, können gemeinsam neue Ansätze entwickelt werden, die nicht nur aus einer Perspektive oder ohne Praxisbezug heraus entwickelt wurden. So entstehen im besten Fall gemeinsam neue tragfähige Ansätze für knifflige Probleme der jeweiligen Industrie oder Branche.

"Liberating Structures sind für mich wie eine Sprache für Interaktionen. Schon mit wenigen Vokabeln kann man direkt beginnen zu sprechen. Je mehr man sich damit beschäftigt, desto komplexere Sätze kann man bilden."

Birgit Nieschalk
setzt Liberating Structures in ihren Workshops und Trainings zur Teamkollaboration ein und ermöglicht damit „echte Zusammenarbeit".

Mein erstes Mal

Es ist ein warmer Frühlingstag. Die Vögel zwitschern, es riecht nach den ersten Blüten, Sonnenstrahlen fallen durch das Fenster und ich blicke in die Augen von… 120 Anzugträger:innen.

Heute ist es so weit, ich tue es zum ersten Mal. Gerade kommen mir leichte Zweifel, ob ich mir vielleicht besser einen anderen Anlass ausgesucht hätte. Es ist die traditionelle Partner-Konferenz, für die ich verantwortlich bin. 120 Augenpaare schauen mich erwartungsvoll an: Wo bleiben die nächsten PowerPoint-Folien?

Liberating Structures habe ich vor Kurzem auf einem Event für Agiles Arbeiten kennengelernt. Sylvia Taylor war dafür extra von Berlin nach Köln gereist. Ich war sofort begeistert, wie viel Energie sie mit dem Einsatz der Strukturen im Raum freisetzt und ermöglicht hat, tatsächlich alle im Raum einzubinden. Die ganze Zeit schon habe ich auf eine Gelegenheit gewartet, die Strukturen einmal in meinem eigenen Arbeitsumfeld auszuprobieren. Heute soll es so weit sein.

Da der Vormittag aus einer endlosen Aneinanderreihung von PowerPoint-Präsentationen besteht, braucht es eine Auflockerung. Ich weiß, dass es viele Menschen im Raum gibt, die ähnliche Themen und Herausforderungen haben, sich jedoch noch nicht kennen. Neue Verbindungen zu schaffen, um einen Gesprächseinstieg für den Austausch untereinander zu ermöglichen und die Hemmschwelle zur Kontaktaufnahme zu senken, das würde einen Unterschied machen. Ich habe ein Ziel!

Aber was passiert, wenn mich die Teilnehmenden auslachen und glauben, ich würde Spielchen mit ihnen spielen? Was ist, wenn niemand mitmacht? Was ist, wenn ich mich blamiere? Als Tüpfelchen auf den „i" sitzt mein Chef auch noch in der ersten Reihe und wird alles mit ansehen.

Doch jetzt gibt es kein Zurück mehr. Ich starte das **Impromptu Networking** und bitte die Teilnehmenden, sich zu zweit zusammen zu tun und für vier Minuten gegenseitig folgende Fragen zu beantworten:

- *Mit welchem Ziel sind Sie heute hier/ist Ihr Unternehmen Teil des Partnerprogramms?*
- *Was werden Sie heute dafür tun, um Ihr Ziel zu erreichen?*

Die Menschen drehen sich nach rechts und links, leichtes Gemurmel beginnt. Nach vier Minuten bitte ich darum, sich eine:n neue:n Partner:in zu suchen. Jetzt wird es spannend: die Hälfte des Raumes muss dafür aufstehen. Der Lautstärkepegel steigt. Ich sehe Händeschütteln, zugewandte Körper, lachende Gesichter. Vereinzelt bleiben Personen bei ihrem ersten Kontakt, was jedoch keinen Einfluss auf den Rest hat.

Jetzt kommt die dritte Runde. Ich bitte die Teilnehmenden, sich noch einmal eine:n neue:n Partner:in zu suchen. Nun stehen alle Personen im Raum, die Stuhlreihen werden teilweise verschoben, um Platz zu machen. Vier Minuten später muss ich mich lautstark bemerkbar machen. Kaum einer im Raum möchte sich von seinem Gegenüber trennen. Mir fällt ein Stein vom Herzen. Es hat funktioniert! Jetzt kann es mit der nächsten Präsentation weitergehen.

In der Mittagspause kommt der Referent zu mir, der direkt nach dem **Impromptu Networking** seine Präsentation gehalten hat und bedankt sich: „Die Teilnehmenden waren nach ihrer Interaktion so viel aufmerksamer." Mehrere Partner:innen sprechen mich an, und ich höre Sätze wie „Ich habe so interessante Menschen kennengelernt, die ich sonst nie gesprochen hätte.", „Das hat Spaß gemacht." oder „Können wir davon auf den nächsten Veranstaltungen bitte noch mehr machen?"

Glücklich darüber, mich getraut zu haben, nehme ich heute mit: Um Liberating Structures auszuprobieren, brauche ich kein großes Wissen und keine Erfahrung. Ich kann loslegen, sobald ich eine einzige Struktur kenne. Es funktioniert auch in einem Umfeld, in dem Menschen PowerPoint-Präsentationen und Podiumsdiskussionen gewohnt sind. 15 Minuten mit der richtigen Struktur können die Energie und Stimmung im Raum ganz schnell positiv verändern.

Das war zwar mein erstes, aber ganz sicher nicht mein letztes Mal. „Jetzt geht es erst richtig los!", denke ich mir. Nichtsahnend, wie sehr Liberating Structures mein zukünftiges Leben noch beeinflussen werden.

Verwendete LS

Impromptu Networking

> **„Liberating Structures sind für mich das Salz in der Suppe von New Work."**

Ina Zukrigl-Schief
setzt Liberating Structures ein für Interaktionsdesign, Organisationsentwicklung und kollektive Führung.

Es geht immer um Verbindung ...

Konferenzen und Events beginnen üblicherweise damit, dass alle herumstehen oder sich suchend im Raum orientieren. Wer niemand kennt, blickt auf sein Telefon oder versucht auf andere Weise beschäftigt zu wirken. Kontakt entsteht nur selten automatisch, alle warten vielmehr darauf, dass das offizielle Programm beginnt. Was für ein verschenkter Moment, denke ich häufig, wenn ich selbst als Teilnehmer:in unterwegs bin. Ich erlebe an mir selbst die Sehnsucht nach Integration, den Wunsch nach einem zwanglosen Geplänkel, ohne mich gleich zu tief ins Gespräch stürzen zu müssen. Für die von mir begleiteten Veranstaltungen wähle ich daher gerne **Mad Tea,** um den Moment des Übergangs bewusst zu nutzen und Menschen miteinander ins Gespräch zu bringen.

Es ist ein Donnerstagmorgen, und ein voller Tag rund um das Thema „Förderung digitaler Demokratisierungsprojekte" liegt vor uns. Teilnehmende zwischen Ende 20 und Ende 40 strömen ein, manche kennen sich, doch nicht wenige stehen für sich und greifen sich erstmal eine Tasse Kaffee. Zum Konferenzbeginn um 10.00 Uhr treffen weitere Teilnehmende ein, die Organisator:innen und ich sehen auf die Uhr: Es wird Zeit, alle zusammenzurufen und die Aufmerksamkeit auf unsere bevorstehende Zeit zu lenken. Nach einer kurzen Begrüßung beginne ich, den Ablauf unseres **Mad Teas** – zu deutsch „die verrückte Teegesellschaft" (angelehnt an die Teegesellschaft in „Alice im Wunderland") – zu erläutern.

Die Struktur entfaltet ihre „verrückte" Wirkung durch einen raschen Wechsel der Gesprächspartner:innen. So entstehen keine peinlichen Momente, in denen der/die Gefragte sich lange eine Antwort überlegen muss: Einladung und Rahmen sind einfach und klar gehalten. Ich bitte die Teilnehmenden, sich gleichmäßig in einem Innen- und Außenkreis zu verteilen, sodass jede:r ein Gegenüber vor sich hat. Die Anordnung lässt schwach frühe Kindheitserinnerungen zu Stuhlkreisen aufkommen, nur in dieser Struktur stehen alle Beteiligten.

Schon beginnen die Ersten, mit ihrem Gegenüber das Gespräch aufzunehmen. Zeit, die Etiquette der „verrückten Teegesellschaft" zu erläutern: Sei neugierig, tiefgründig und genieße den Austausch. Antworte spontan. Beende den Satzanfang zügig. Die Einladungen bzw. Satzanfänge sind so einfach gehalten, dass niemand um eine Antwort verlegen ist. Die schnelle Abfolge an Begegnungen erzeugt bei den Teilnehmenden heiteren Stress, und die aus meiner Sicht einfache Anweisung bei jedem Partnerwechsel, „einen Schritt nach rechts zu machen", löst bei einigen Verwirrung aus. Typisch für eine neue Situation liegt die Aufmerksamkeit nicht immer bei der Moderator:in. Die Blicke suchen im Raum nach Orientierung, für mich hat sich hier bewährt, die Anleitung nochmal zu wiederholen, mich in die Mitte zu stellen und den Wechsel physisch zu demonstrieren. Wenngleich **Mad Tea** eine einfache Struktur ist, das Prinzip gilt: psychologische Sicherheit geht vor.

Ich blende die Satzanfänge auf einer Leinwand ein. Es beginnt mit „*Was mich motiviert hat, heute zu kommen …*" Auch an diesem Morgen schwillt sofort ein fröhliches Gemenge von Stimmen an, die Blicke sind ganz auf das Gegenüber gerichtet und die meisten schöpfen ihre Redezeit voll aus. **Mad Tea** sorgt zuverlässig für eine gelöste Stimmung und wird so zur wunderbaren Transformationsmaschine: Gemurmel und ungeordnete Gesprächsfetzen oben rein … lebendige und fokussierte Energie unten raus. 30 Sekunden hat jede Seite Zeit zu antworten, beim Ertönen des akustischen Signals zeichnet sich Bedauern in dem einen oder anderen Gesicht ab, doch im **Mad Tea** wollen wir nicht inhaltlich vertiefen, sondern Appetit für das Kommende machen. Also, weiter geht es, Partnerwechsel!

Typisch für große Events sind Nachzügler:innen. Auch heute kommen noch Teilnehmende, die sich suchend und überrascht im Raum umsehen. Neuankömmlinge fließend in den Ablauf der auseinanderlaufenden Kreise einzubinden, kann bei einem großen Raum zur Herausforderung werden. Die Struktur lässt mir als Begleiterin nur bedingt Zeit, den Raum außerhalb der **Mad-Tea**-Kreise im Blick zu behalten. Klärt daher am besten vorab, ob euch Dritte bei der Einbindung der Zuspätkommenden unterstützen können.

Mad Tea bietet einen zwanglosen Gesprächseinstieg. Die Satzanfänge kann ich auf den gewählten Anlass passgenau zuschneiden. Für die Demokratie Tec Konferenz habe ich mich u. a. für folgende Satzanfänge entschieden.

- *Was mich motiviert hat, heute zu kommen, …*
- *Als Bürger:in/Aktivist:in sehe ich zurzeit meine Verantwortung in …*

Verwendete LS

- *In unserem Engagement zu Demokratieförderung überrascht mich, dass …*
- *Einer Herausforderung, der wir uns dringend stellen sollten, …*
- *Was wir bräuchten, um noch wirksamer zu werden, …*
- *Beitragen möchte ich gern, indem …*

Die gewählten Anfänge folgen einem Bogen: vom Event hin zur größerer gesellschaftlicher Verantwortung, vom Bedarf bzw. der Herausforderung hin zu den konkreten Möglichkeiten, die im eigenen Einflussbereich liegen. Die Fragen sind offen, damit jede:r, unabhängig von Position und Anlass, für sich eine Antwort formulieren kann. Bei den Satzanfängen geht es nicht um eine richtig oder falsche Anwort, sondern ausschließlich um die Möglichkeit, teilzuhaben und ins Gespräch zu kommen. Es hilft, die Fragen vor allem auf die Gegenwart und dann auf die gewünschte Zukunft zu richten.

Geschickt gewählte Fragen bilden eine inhaltliche Brücke zum ersten großen Programmteil, der an diesem Tag zum Thema „Wirkungsfelder von Maßnahmen" im Ablauf direkt anschließt.

Und wirklich: Wir haben nur 15 Minuten gebraucht, und die Teilnehmenden gehen schon angeregt im Gespräch miteinander in den nächsten Raumteil. Die inhaltliche Arbeit kann beginnen.

2.

Vertrauen aufbauen

Wie schaffen wir es, Vertrauen als Basis für ein produktives Miteinander aufzubauen?

Nach unserer Überzeugung gelingt Zusammenarbeit in komplexen Zusammenhängen nur, wenn wir *vor* unserer inhaltlichen Zusammenarbeit in Beziehungen investieren und Verabredungen treffen, wie wir zusammenarbeiten möchten. Dabei ist Vertrauen die Grundlage und eine wichtige, wenn nicht die wichtigste Voraussetzung, um in Zukunft erfolgreich zusammenarbeiten zu können.

Wenn sie kein Vertrauen haben, verstummen Menschen; sie behalten ihre Meinungen, Ideen und Vorschläge für sich. Wenn Vertrauen fehlt, entstehen Rivalitäten und Konflikte, und es wird eher gegeneinander als miteinander gearbeitet.

Einigen von uns klingt jedoch noch der Satz im Ohr: „Vertrauen ist gut, Kontrolle ist besser" – er gilt nach wie vor in vielen Organisationen. Kontrollmechanismen sind Teil unserer täglichen Arbeit.

Vertrauen stellt sich nicht von selbst ein, sondern wird durch positive Erfahrungen geprägt – wenn ich meine Meinung äußern kann, ohne kritisiert zu werden, wenn meine Ideen bei Entscheidungen berücksichtigt werden, wenn meine Kolleg:innen mir freie Hand lassen bei meinen Aufgaben oder wenn ich um Hilfe bitten kann, ohne zu befürchten, mein Gesicht zu verlieren.

Vertrauen erfordert Beziehungsarbeit und lohnt sich: Gegenseitiges Vertrauen in meine Kolleg:innen vereinfacht Zusammenarbeit, weil es Konflikten vorbeugt, während wir gleichzeitig Absprachen minimieren können. Es ermöglicht, dass wir uns auf Experimente einlassen und gemeinsam ohne Schuldzuweisungen aus Fehlern lernen.

Liberating Structures bieten einen Rahmen und eine Vorgehensweise für diese Beziehungsarbeit. Ihre Anwendung fördert gegenseitiges Vertrauen, indem sie uns in Austausch und in Verbindung bringen. Da der Austausch oft in kleinen Gruppen geschieht, in denen wir eingeladen sind, einander zuzuhören und unterschiedliche Perspektiven erst einmal nicht bewerten, schaffen wir gemeinsam einen geschützten Raum. Alle Strukturen sind so aufgebaut, dass wir Verschiedenheit als bereichernd erleben können.

Die Geschichten in diesem Kapitel zeigen euch, wie sich mit der Anwendung von Liberating Structures Vertrauen einstellt und damit die Voraussetzung für einen erfolgreichen Workshop, eine neue Organisationsstruktur oder die verbesserte Zusammenarbeit zweier Kollege:innen geschaffen werden.

Haben wir einige Male erlebt, wie uns die Strukturen dabei helfen, auch potenziell knifflige zwischenmenschliche Probleme gemeinsam zu lösen, dann steigt unser Vertrauen in das Miteinander und es entstehen weniger Reibungsverluste in der Zusammenarbeit.

Indem du Liberating Structures anwendest, füllst du das Prinzip „Schafft mit jedem Schritt mehr Vertrauen" mit Leben.

Liberating Structures geben den Rahmen dafür, Ängste, Befürchtungen und Bedürfnisse urteilsfrei zu teilen, wodurch gegenseitiges Verständnis aufgebaut wird. Durch die Möglichkeit, Gedanken ganz individuell zu äußern, wird Diversität quasi „umarmt". Statt auf Ideen von anderen mit Zynismus, Spott, Kritik oder Bestrafung zu reagieren, lasst ihr verschiedene Meinungen zu und trefft Entscheidungen mit dem Input aller Beteiligten. Misstrauen und das Bedürfnis nach Kontrolle sinken, da ihr ein vertrauensvolles Gruppenklima stärkt, in dem das Aussprechen der Wahrheit geschätzt wird und gemeinsame Verantwortung das Ziel ist.

> **„*Liberating Structures sind für mich eine mächtige Facilitation-Sprache, die ich mit Freude erlerne!*“**

Christian Weinert
setzt Liberating Structures ein, um die Welt besser zu hinterlassen, als er sie vorgefunden hat.

Einmal Liberating Structures für zwei!

Es ist Mittwochmorgen. Ich bin auf dem Weg, um die Zusammenarbeit zwischen zwei Kollegen zu beleuchten. Dafür habe ich eine Übung aus dem Management 3.0 und drei Liberating Structures vorbereitet. Liberating Structures mit zwei Kollegen? Liberating Structures sind doch für Gruppen gedacht, oder? Was hat mich nun dazu gebracht, dies mit nur zwei Personen zu machen?

Als Coach arbeite ich bereits seit ein paar Wochen mit den beiden zusammen. Klaus ist, so wie ich, relativ neu im Projekt. Er hat mich mit offenen Armen empfangen und erarbeitete mit mir gemeinsam die Veränderungen im agilen Requirements-Engineering-Prozess. Peter ist schon länger im Projekt und eher verhalten mir gegenüber. Wenn er eine Frage hat, hört er sich meine Antwort an und verschwindet dann im „stillen Kämmerlein“, um allein vor sich hin zu arbeiten. So ist es für mich schwierig zu beurteilen, ob und wie sich die Dinge weiterentwickeln. Dies geht Klaus genauso.

Klaus und Peter sollen in diesem Projekt eng zusammenarbeiten, um gemeinsam Anforderungen mit dem Team aufzunehmen. Durch ihre unterschiedlichen Arbeitsweisen gibt es jedoch immer wieder Missverständnisse, und zwischen den beiden stellt sich keine Vertrautheit in der Zusammenarbeit ein. Daher bitten sie mich, ihnen dabei behilflich zu sein, ihre Zusammenarbeit zu verbessern.

Durch meine Erfahrung mit den beiden Kollegen vermute ich, dass das Problem nicht auf der Sachebene, also in der Arbeitsorganisation und Aufgabenverteilung liegt, sondern auf der persönlichen Ebene. Aber wie soll ich nun einen Workshop gestalten, wenn ich doch selbst eine klare Präferenz gegenüber einem Kollegen habe? Wie werde ich allparteilich bleiben können?

Ich habe zu dieser Zeit gerade erst meinen ersten Liberating Structures Immersion Workshop absolviert. Wir arbeiteten in einer große Gruppe, aber fast immer folgte auf die persönliche Reflexion eine nächste Runde im Gespräch zu zweit. Im Immersion Workshop habe ich Methoden kennengelernt, die die persönliche Ebene und die dort vorhandenen Probleme ansprechen konnten. Und genau dort vermute ich ja den Ursprung für die Missverständnisse bei den Kollegen. Obendrein schaffen Liberating Structures einen Rahmen, in dem die Teilhabenden ihre eigenen Erkenntnisse und Lösungen erarbeiten können, ohne eine:n Moderator:in, der seine eigene Agenda einbringt. Als mir dies klar wird, habe ich die Lösung: einmal Liberating Structures für zwei!

Wir beginnen den Workshop mit der Übung „Moving Motivators" von Jurgen Appelo aus dem Management 3.0 Framework. Bei diesem spielerischen Ansatz bringt jede:r Teilnehmende ihre/seine eigenen zehn intrinsischen Motivatoren, repräsentiert durch Karten mit den jeweiligen Symbolen, im Hinblick auf ihre Einstellung zur Arbeit in eine absteigende Reihenfolge. Nachdem jede:r die Karten gelegt hat, erklärt man den Teilnehmenden kurz, warum diese Reihenfolge gewählt wurde und wie jede Karte im Hinblick auf die momentane Situation in der Arbeitswelt wirkt. Es zeigt sich, dass Klaus Verbundenheit und Sinnerfüllung hoch priorisiert, während Peter von Status und Perfektionierung motiviert ist. Den beiden wird durch diese Übung klar, dass sie in ihrer Arbeit unterschiedlich intrinsisch motiviert sind und es dadurch in der Vergangenheit zu Missverständnissen kam.

Als erste Liberating Structure wähle ich dann **Appreciative Interviews** aus. Da die beiden stark von den Momenten geprägt sind, in denen die Zusammenarbeit nicht optimal lief und es zwischen den beiden zu Reibereien kam, möchte ich die beiden dazu animieren, sich an die gemeinsamen Erfolge zu erinnern. Dies soll eine positive Grundstimmung für den Workshop setzen. Basierend auf der Einladung *Schildere eine Situation, in der ihr gemeinsam im Projektkontext Erfolg hattet* erzählen sich Klaus und Peter nacheinander, was sie schon gemeinsam erfolgreich im Projekt bewegt haben. Die beiden finden einige Punkte, die sie gemeinsam „gerockt" hatten. Die Stimmung im Raum wird zunehmend entspannter. Beiden wird klar, dass es neben den Problemen auch erfolgreiche Aspekte in ihrer Zusammenarbeit gibt.

Als zweite Liberating Structure suche ich **Heard, Seen, Respected (HSR)** aus. Aus eigener Erfahrung weiß ich, wie leicht ich mich aus einer Zusammenarbeit zurückziehe, wenn ich mich nicht gesehen, gehört oder respektiert fühle. Und wie schwer es ist, dies anzusprechen. Daher möchte ich den beiden Kollegen einen Raum bieten, in dem sie diese Erfahrungen ihrem Gegenüber mitteilen können.

Verwendete LS

Appreciative Interviews | **Heard, Seen, Respected (HSR)** | **What I need from you**

Hier habe ich die Standard-Einladung leicht modifiziert benutzt:

> *Schildere deinem Gegenüber eine Situation aus eurer gemeinsamen Arbeit, in der du dich nicht gehört, gesehen oder respektiert gefühlt hast.*

Ich weise Klaus und Peter explizit darauf hin, dass sie nur zuhören sollen, ohne sich zu rechtfertigen oder zu kommentieren. Nachfragen sind erwünscht, aber nur um Details zu erfahren. Dabei sollen sie Fragen wie „Was geschah dann?" oder „Wie hast du dich da gefühlt?" benutzen. Im Anschluss sollen sich die Teilnehmenden dann eigentlich in Vierergruppen über die Muster in den Geschichten austauschen. Die sie ja nur zu zweit sind, habe ich diese Liberating Structures dahingehend variiert, dass ich die beiden bitte, dem Gegenüber zu spiegeln, was er gehört hat und was bei ihm angekommen ist. Dies bringt den beiden dann noch eine weitere Ebene der Klarheit und des Verstehens, da sie durch diese Liberating Structure noch einmal direkt besprechen können, warum sie sich missverstanden hatten.

Durch die von ihnen geschilderten Situationen erkennen die Kollegen, dass keine böse Absicht hinter dem Benehmen des anderen steht. Klaus fühlte sich nicht gesehen und einbezogen, wenn sich Peter nach einem Gespräch zurückzog und allein arbeitete. Dies überrascht Peter, denn er brauchte die Zeit für sich, um die Informationen zu verarbeiten und zu seiner Lösung zu kommen, die er dann mit Klaus besprechen konnte. Peter hingegen fühlte sich durch Klaus unter Druck gesetzt, wenn er Dinge zügig erledigen wollte.

Probleme, die sich scheinbar auf der Sachebene befinden, hatten bei den beiden in Wirklichkeit eine persönliche Ebene. Eine scheinbar sachliche Kritik führte dann zu einer Situation, in der sich das Gegenüber nicht verstanden oder respektiert gefühlt hat. Aufgrund dieser Erkenntnis wollen Klaus und Peter daher künftig bei einer unerwarteten Reaktion des Gegenübers nachfragen, was gerade bei dem anderen auf der Gefühlsebene passiert und ob sich einer der beiden nicht gehört, gesehen oder respektiert fühlt.

Um die Wünsche und Bedürfnisse auf der Arbeitsebene klar zu formulieren und gemeinsam erfolgreich an einem Ziel arbeiten zu können, führen wir zum Abschluss eine Runde **What I need from you** durch. Normalerweise führt man diese Liberating Structures mit einer größeren Gruppe von Mitarbeitenden durch, die in verschiedenen Abteilungen oder Funktionen gemeinsam an einem Ziel arbeiten. Im Kern geht es bei dieser Struktur darum, für sein Gegenüber klar zu formulieren, was die eigenen Bedürfnisse für eine erfolgreiche Zusammenarbeit sind. Diese Bedürfnisse sollen in einer Weise formuliert werden, dass darauf mit „Ja" oder „Nein" – ich kann dein Bedürfnis (nicht) erfüllen – geantwortet werden kann. Falls diese klare Antwort nicht möglich ist, gibt es als Alternativen noch „Ich werde es versuchen" oder „Ich habe (dein Bedürfnis) nicht verstanden".

Klaus wünscht sich von Peter mehr Zusammenarbeit an den Themen und Transparenz über Peters Fortschritt bei den einzelnen Aufgaben. Peter wünscht sich von Klaus Geduld in der Zusammenarbeit und den Raum und die Zeit, selbst in die Klarheit zu kommen, bevor er seine Arbeit mit Klaus teilt. Während Klaus mit einem „Ja“ auf Peters Bedürfnisse antwortet, kann sich Peter nur ein „Ich werde es versuchen“ abringen. Ich meine, Klaus ist darüber enttäuscht, lässt sich dies aber nicht anmerken.

Im Anschluss an den Workshop verbessert sich die Zusammenarbeit zwischen Klaus und Peter. Basierend auf den Dingen, die sie über den anderen gelernt haben, nehmen sie Rücksicht aufeinander. Anstatt Situationen einfach nur aus ihrer Perspektive zu bewerten, fragen sie nach und versuchen die Position des anderen einzunehmen. Sie feiern die Erfolge und geben sich nicht gegenseitig die Schuld, sollte mal etwas schiefgehen. Und sie äußern ihre Bedürfnisse klar, sodass es hier nicht zu enttäuschten Erwartungen kommt. Ein idealer Zustand ist dies für beide nicht, da es sehr viel Achtsamkeit und Rücksicht verlangt. Schließlich wechselt der durch Status intrinsisch motivierte Peter dann in eine höhere Position, auf der er wieder häufiger allein arbeiten kann. In das Team kommt eine neue Kollegin, die die Arbeit von Peter übernimmt. Klaus und die Kollegin sind heute übrigens ein glückliches Paar, aber das ist eine andere Geschichte.

„Mit Liberating Structures bringen wir die kollektive Intelligenz eines Systems zum Klingen.“

Regina Vogel und Ina Zukrigl-Schief
setzen Liberating Structures in Organisationsentwicklung und kollektiver Führung ein.

Wie Vertrauen entsteht: von der Bergtour zur Strategieplanung

Der Septembermorgen ist sonnig und frisch. Am Fuße der Schweizer Alpen treffen wir rund zwanzig Angehörige eines mittelständischen deutschen Unternehmens. Einige von ihnen kennen sich bislang nur über E-Mails oder Telefon. Frauen und Männer aus fünf Abteilungen und verschiedenen Hierarchiestufen stehen mit Tagesrucksäcken bereit für die Wanderung zu unserem zweitägigen Strategieworkshop. Im Briefing merkten wir: Die Zeit ist knapp, die Erwartungen sind hoch. Vom Wunsch des CEOs, gemeinsam eine Bestandsaufnahme vorzunehmen, um sich mittelfristig strategisch neu auszurichten, wissen die Mitarbeiter:innen zu diesem Zeitpunkt noch nichts Genaueres. Um in kurzer Zeit gemeinsam eine kritische Innenschau zu leisten und sich neuen Herangehensweisen zu öffnen, braucht es vor allem zweierlei: sinnstiftende Verbindung zum Unternehmen und gegenseitiges Vertrauen. Dafür scheint uns der zweistündige leichte Aufstieg wie geschaffen.

Zwei Strukturen sollen den Vertrauensaufbau unterstützen: ein in Zeit und Anzahl der Runden erweitertes **Impromptu Networking** und eine verkürzte Variante des **Appreciative Interviews**. Beim **Impromptu Networking** sprechen üblicherweise zwei Partner in jeweils ein bis zwei Minuten zu zwei vorgegebenen Fragen. Dieser gegenseitige, dem Zuhören gewidmete Austausch wird in drei Runden mit jeweils einem neuen Partner wiederholt. Durch die Formulierung der Fragen legen wir den inhaltlichen Fokus für die sich anschließende Arbeit. In unserem **Impromptu Networking** lauten die zu beantwortenden Fragen:

- *Was ist dir persönlich wichtig an deiner Arbeit?*
- *Was wünschst du dir für deine Zukunft im Unternehmen?*

Ein steiler Einstieg, inhaltlich auf den Punkt, und kaum geben wir das Startsignal, steigt der Geräuschpegel.

Durch den schnellen Partnerwechsel setzt das **Impromptu Networking** Lebendigkeit frei. Gleichzeitig ermöglicht die Wiederholung der Frage, die eigene Antwort zu schärfen. Für die Bergtour variieren wir die Design-Elemente von Zeit und Raum: Die Gesprächszeit verlängern wir auf drei Minuten pro Sprecher:in. Immer noch „zu knapp", wie einige Teilnehmende aufstöhnen. Auch für den Partnerwechsel planen wir mehr Zeit ein, weil der Austausch in Bewegung stattfindet und nicht alle eng beisammen sind. Mit Gongs ausgerüstet achten wir auf eine gute Abstimmung zwischen uns, die wir am Anfang und Ende der Gruppe laufen. Trotz Variationen der Design-Elemente bleibt so insgesamt die Integrität der Struktur erhalten.

Beim Wandern wie auch beim Denken fallen Gruppen in schnelle und langsame Einheiten auseinander. Eine spielerisch-ernste Haltung hilft uns, Verzögerungen und Verwirrung beim Partnerwechsel in Kauf zu nehmen. Dabei profitieren wir von der positiven Grundstimmung aller: Die meisten nehmen es mit Humor, auf die Überholspur bergauf zum/zur nächsten Partner:in geschickt zu werden. Zu zweit zu führen ermöglicht uns, die Gruppe gut zusammenzuhalten und für Durchmischung zu sorgen. Die vielfachen Wieder-

holungen stellen sicher, dass jede:r beinahe mit jedem in der Gruppe in einen kurzen Austausch kommt.

Die Einführung des **Appreciative Interviews** ist schließlich ein guter Moment, sich als Gruppe wieder zu sammeln, um neu gemischt den letzten Teil des Aufstiegs zu beginnen.

Das **Appreciative Interview** nutzen wir, um die positive Verbundenheit mit dem Unternehmen herauszuarbeiten. Hier lassen wir mit 5 Minuten pro Teilnehmer:in deutlich mehr Zeit als beim **Impromptu Networking**. Wir wollen den Boden für die anschließende Strategie-Arbeit bereiten, indem wir nach dem Beziehungsaufbau Zeit dafür geben, sich mit dem Sinn der eigenen Arbeit für das Unternehmen zu verbinden. Um miteinander wertschätzend auf die Gegenwart zu blicken und mögliche Strategien für die Zukunft zu entwerfen, braucht es auch Anbindung an die eigenen Erfolgsmomente. Das **Appreciative Interview** widmet sich dieser positiven Wertschätzung, und mehr noch: Es lädt die Beteiligten ein, Erfolgsmuster zu erkennen und sich bewusst zu machen. Unsere Einladung für die Wandergruppe lautet daher:

> *Erzähle eine Geschichte von einer Situation, in der du gemerkt hast, dass du dich mit eurem Unternehmen verbunden fühlst. Was ist da passiert? Was war deine Erfahrung?*

Wir kürzen die Struktur etwas und lassen die Schritte weg, in denen Erfolgsmuster erarbeitet werden, denn uns geht es an dieser Stelle um das Entstehen emotionaler Verbindung im Erinnern an den sinnstiftenden Moment. Die Zeit im Aufstieg vergeht schnell. Wir beobachten aufmerksame und offene Gesichter, Nicken und auch Stirnrunzeln. Die quirlige Energie während des **Impromptu Networking** geht in einen ruhigen Gesprächsfluss über.

Auf der Hütte angekommen, wirken Luft und Bewegung nach. Die erste Neugierde und das Mitteilungsbedürfnis sind gesättigt. Im Seminarraum macht sich augenblicklich eine ruhige, konzentrierte Atmosphäre breit. Wir spüren, dass die Teilnehmenden bereit sind, gemeinsam den nächsten Schritt mit uns zu gehen: Im Anfangskreis ist die Körperhaltung locker und einander zugewandt, die Gesichter offen und entspannt.

Eine ausführliche Beziehungsarbeit ist für uns Voraussetzung dafür, dass sich jeder vor Ort sicher genug fühlt, um in der Bestandsaufnahme über das **Ecocycle Planning** seine Arbeitsbereiche und Projekte offenzulegen. Psychologische Sicherheit ist die Voraussetzung dafür, dass sich niemand in einer vermeintlichen Ressourcenknappheit profilieren muss, sondern neugierig und offen bleiben kann.

Später erhalten wir die Rückmeldung: Viele fühlen sich zu diesem Zeitpunkt persönlich ermutigt. Jede Perspektive zählt, auch meine, ganz egal, ob ich Vorstandsmitglied oder Mitarbeiter:in, alter Hase, verantwortlich für Finanzen oder Marketing oder neu dabei bin.

In unserer Praxis nutzen wir den Einstieg in die Veranstaltung gleichzeitig für Ankommen und Vertrauensbildung. Dafür eignet sich das **Impromptu**

Networking besonders gut, weil die Struktur für die Teilnehmenden einfach zu verstehen ist. Umso mehr Wert legen wir darauf, die Fragen sorgfältig auf unsere Intention hin zu formulieren. Wenn wir uns für Beziehungsaufbau ausreichend Zeit nehmen, läuft die Zusammenarbeit anschließend umso reibungsloser. Und dafür eignet sich eben auch ein ungewöhnliches räumliches Setting wie eine gemeinsame Wanderung.

> ***„Liberating Structures sorgen für eine Struktur beim Abarbeiten von ganz unterschiedlichen Themen, zugleich ergeben sich mit Liberating Structures Freiheitsgrade, bei denen das Potenzial jedes Einzelnen bei der Lösungsfindung genutzt wird."***

Bernhard Höhne
Bei Bernhard Höhne kommen Liberating Structures bei der Lösungsfindung zum Einsatz – dabei werden Kolleginnen und Kollegen aktiv eingebunden und miteinander vernetzt.

Diversität umarmen

Komplex und virtuell, so könnte man meine heutige Aufgabe beschreiben. Ich sitze vor meinem Computer und blicke auf ein Zoom-Raster, in dem mich elf Kolleg:innen erwartungsvoll anschauen. Auch wenn das Sommerwetter draußen eher einlädt, den schönen Sommertag bei einem Eis zu genießen: first things first. Auf geht's in den virtuellen Workshop!

Im Rahmen unserer laufenden Transformation geht es nun darum, neu geschaffene Organisationsstrukturen gemeinsam mit Leben zu füllen. Dabei kommen bei den elf Kolleg:innen Fragen wie diese auf: Wo fühle ich mich zuhause in den neuen Organisationseinheiten? Wo ist meine Heimat?

Damit wir im Team ein neues „Heimatgefühl" definieren können, habe ich in meiner Rolle als agiler Coach die elf Teamassistent:innen zu einer 90-minütigen Arbeitssession eingeladen.

Komplexe und emotionale Themen, wie das beschriebene Heimatgefühl, sind auf den ersten Blick analytisch schwer zu fassen und in (be-)greifbare Elemente herunterzubrechen. Der gemeinsame Austausch hilft nun dabei, Teilstücke zu erhalten, an denen weitergearbeitet werden kann.

Wir glauben, Erfahrungen zu machen,
aber die Erfahrungen machen uns.
Eugène Ionesco

Beim Auftakt geht es darum, Komplexes bzw. Abstraktes greifbar zu machen. Wir starten dafür mit **Generative Relationships** und arbeiten über drei Ebenen hinweg (Organisationsbereich, Funktionsbereich, Gruppe der Assistent:innen) an der Frage: „Wie nimmt jeder Einzelne des Teams die ‚STAR'-Dimensionen in den jeweiligen Bereich wahr?"

STAR-Kompass der produktiven Beziehungen

- **S** – Verschiedenheit (Separateness): das Maß der Unterschiedlichkeit bzgl. Perspektive, Expertise und Hintergrund der Gruppenmitglieder
- **T** – Abstimmung (Tuning): das Maß von intensivem Zuhören, Reflexion und gemeinsamem Verständnis von Herausforderungen
- **A** – Handeln (Action): die Anzahl der Möglichkeiten, um an Ideen zu arbeiten oder gemeinsam innovativ zu sein
- **R** – Grund der Zusammenarbeit (Reason): die Vorteile, die sich durch die Zusammenarbeit ergeben

Die visuelle Zuordnung in den Dimensionsachsen spiegelt die subjektive Einschätzung jedes Teammitglieds wieder und dient als Startpunkt, um ein gemeinsames Verständnis zur aktuellen Situation zu schaffen.

In einer ersten Reaktion fragen die Teilnehmer:innen, ob diese Aufgabenstellung wirklich in so kurzer Zeit (10 Minuten) machbar ist. Aber zum Erstaunen aller ist es doch möglich.

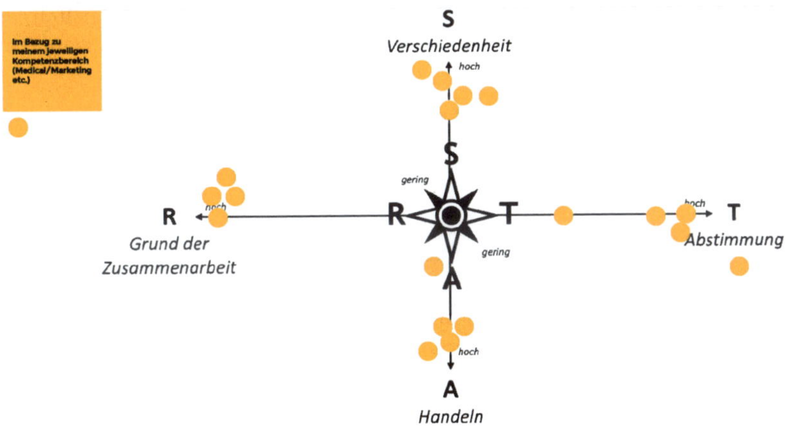

Die STAR-Bewertungen (Punkte auf der Abbildung) werden wir dann im zweiten Schritt über die **What, So What, Now What? (W3)** in zwei Teams reflektieren.

Verwendete LS

Generative Relationships	What, So What, Now What?	TRIZ	15 % Solutions

Zunächst diskutieren die Teams das „What“: Was erkennen sie anhand der Punkteverteilung in den drei Ebenen Organisationsbereich, Funktionsbereich, Gruppe der Assistent:innen an Mustern? Diese erkannten Muster halten sie in einem Jamboard fest.

Dann diskutieren die Teams das „So What“, also ihre Beurteilung des Musters. Den dritten Schritt, das „Now What“, haben wir umgemünzt in die Frage:

Wie können wir das Heimatgefühl steigern?

Die intensiven Gespräche wie auch die vielseitigen Lösungsimpulse (etablieren neuer Rituale, wie z. B.selbstorganisierte virtuelle Abteilungskaffees mit neuen Kollegen, ...) die aus den Teams entstehen, sind überwältigend – vor allem, da der Enthusiasmus aller für das Realisieren der Lösungsideen selbst im virtuellen Zoom Setting spürbar ist.

Zum Abschluss nutzen wir **TRIZ** via Jamboard, um mit der Frage

Wie können wir das Heimatgefühl wirklich an die Wand fahren?

den kreativen Prozess zu starten. Im zweiten Schritt bauen wir auf der Kompetenz zur Selbstreflexion der Gruppe auf, indem wir uns die Frage stellen: *Was davon machen wir bereits?* (z. B. wir reden nicht miteinander, sondern übereinander). Und als Abschluss evaluiert die Gruppe die Frage: *Was sollten wir davon jetzt stoppen?*

Aus den Ergebnissen von **W3** und **TRIZ** erarbeitet sich das Team eine Liste von Lösungen im **15 % Solutions**-Ansatz mit der Frage:

Was kann jede:r Einzelne tun, um das Heimatgefühl neu zu gestalten/zu erschaffen, ohne dass er/sie von anderen abhängig ist?

Zwei tolle und einfache Maßnahmen waren das Einführen von einem Assistent:innen-Kaffee alle 14 Tage, um sich kennenzulernen und auszutauschen, und eine Whatsapp-Gruppe für die Assistent:innen, die Zeit und Lust haben, sich auszutauschen und Wissen zu teilen.

Die zwei wichtigsten Erkenntnisse für alle Teilnehmenden sind, dass Heimat kein Ort, sondern ein Gefühl ist, und dass es um emotionale Beziehungen geht, die Menschen positiv beeinflussen können. Jede:r Einzelne erkennt für sich, dass er/sie sich gerade gedanklich von der formalen fachspezifischen Teamzugehörigkeit hin zur Haltung „Ich arbeite in einer Gruppe von Menschen mit einem gemeinsamen ‚Purpose‘ in einem cross-funktionalen Setting“ weiterentwickelt. Konkret hat das Team eine Liste von Aktivitäten erarbeitet, um das Heimatgefühl neu in seinem Alltag zu leben.

Mein Fazit ist, dass die Anwendung von Liberating Structures in Form eines aufeinander aufbauenden Strings in einem abstrakten/komplexen Kontext helfen kann, das Problem begreifbarer zu machen und als Gruppe Lösungen zu finden. Hier ergibt dann 2+2 = 5 – das Ergebnis aller Teile ist mehr als die Summe der Einzelteile, da Liberating Structures den Teilnehmenden den Raum geben, ihre individuellen Gedanken zu äußern und so Diversität quasi „umarmt“ wird.

3.
Teams in Eigenverantwortung bringen

Wie können unterschiedlichste Beteiligte gemeinsam an komplexen Herausforderungen arbeiten und gleichzeitig das Wissen und den Einfallsreichtum jedes/jeder Einzelnen optimal zum Einsatz bringen?

In unserer vernetzten Welt, in der sich hinter jedem Vorhaben ein Geflecht von Beziehungen und Abhängigkeiten verbirgt, können Entscheidungen nicht von einer Person allein getroffen werden. Entscheiden nur Menschen in Leitungspositionen, entstehen künstliche Flaschenhälse, die Abläufe verlangsamen und den Einfallsreichtum und Erfahrungsschatz der Mitarbeitenden ungenutzt lassen und diese demotivieren.

Weichen hierarchische Entscheidungsstrukturen auf, bekommt jede:r Einzelne mehr Verantwortung und Entscheidungsfreiheit. Doch Eigenverantwortlichkeit und Selbstorganisation passen nicht zu tradierten Führungs- und Managementpraktiken.

Liberating Structures bieten einen schnellen Zugang in neue Wege der Zusammenarbeit über Hierarchieebenen hinweg. Sie sorgen dafür, dass die neue Freiheit auch eigenverantwortlich genutzt wird und Teams gut zusammenarbeiten. Jedes Mal, wenn ihr Liberating Structures erfolgreich einsetzt, stärkt ihr das Vertrauen der Einzelnen in die Gruppe.

Gleichzeitig stärkt ihr das Verständnis von Führung im Sinne der Liberating Structures mit Leben: Mitwirkung und Beteiligung möglichst breit streuen und dafür sorgen, dass sich alle wirksam einbringen können und das Gesamte voranbringen.

Liberating Structures sind dafür gemacht, alle Beteiligte (ob Mitarbeitende, Vorgesetzte oder Kund:innen) in Problemlösung, Entscheidungsfindung, Planung oder Innovationsentwicklung einzubeziehen. Die Art und Weise, wie Liberating Structures aufgebaut sind, integriert Menschen, ihre Meinungen und Perspektiven in den Prozess. So ist jeder Teil der Lösungsfindung und trägt gleichzeitig die Verantwortung für das Ergebnis mit.

In den Geschichten in diesem Kapitel findest du Beispiele dafür, wie eine Gruppe gemeinsam die Art und Weise, wie sie zusammenarbeitet und Verantwortung verteilen möchte, reflektiert und gemeinsam ausgestaltet.

Indem ihr die Strukturen als minimale Leitplanken eurer Arbeit nutzt, anstatt zu versuchen, alles zu kontrollieren, erfüllt ihr das Liberating-Structures-Prinzip „Fördert Freiheit und Verantwortung“ mit Leben.

Ihr könnt durch ein Umfeld, in dem Fehler als Quelle von Fortschritt gefeiert werden, dazu beitragen, dass sich jede:r immer wieder gern einbringt und so voll entfalten kann. Ihr könnt Eigenverantwortung fördern, indem ihr regelmäßig auf das Erreichte und eure Zusammenarbeit schaut und gemeinsam überlegt, wie ihr noch schlagkräftiger vorgehen könnt.

„Liberating Structures sind für mich Haltung, Handwerkszeug und Praxis in einem."

Anja Ebers
setzt Liberating Structures ein, um das Miteinander gelingend zu gestalten – als Human Interaction Designerin, Prozessbegleiterin und Coach für Zusammenarbeit.

Mit Jugendlichen Gruppenarbeit de-buggen

Meine Kinder sind an einer freien Schule, der selbstorganisiertes Lernen wichtig ist – vieles davon ist in Gruppen organisiert. Als Eltern sind wir gefragt, uns mit unserer Expertise einzubringen. Eine Gelegenheit sind die Lebens- und Arbeitskompetenztage, an denen die Schüler:innen aus einer Vielzahl von Angeboten wählen können.

Ich bin der Überzeugung, dass Liberating Structures das Miteinander- Arbeiten freudvoller, ergebnisorientierter und müheloser machen können – und ich glaube auch, dass diese Kompetenz etwas ist, was die Schüler ein Leben lang in Projekten und Organisationen begleiten und unterstützen kann. Also biete ich im Rahmen dieser Tage an, Liberating Structures kennenzulernen.

Im Titel der Veranstaltung habe ich große Versprechungen gemacht: „Mit Liberating Structures die Gruppenarbeit de-buggen" ist der Titel meines Angebots, für das sich rund 15 Schülerinnen und Schüler angemeldet haben.

Am Morgen der Veranstaltung jedoch werde ich erst einmal nervös: das Energielevel der Teilnehmenden ist im Minusbereich, demgegenüber steht die enorme Anzahl an WhatsApp-Nachrichten, die es braucht, um sicherzustellen, dass der Kumpel oder die beste Freundin auch in den Kurs findet. Schlagartig wird mir bewusst, dass mir die über die Lehrer-Schüler-Hierarchie gegebene Autorität fehlt, den „An"-Knopf zu drücken.

Ich greife auf das bewährte Mittel für neue Energie in Gruppen zurück: Hört nicht mir zu, sondern einander!

Was sind meine Erfahrungen mit Gruppenarbeit?

Darum geht es jetzt in drei Austauschrunden zu zweit im **Impromptu Networking**. Und schon ist die Gruppe mittendrin in kurzen, aber intensiven Gesprächen.

So aufgewärmt sammeln und verdichten wir mit **1-2-4-All** das im vorangegangenen Networking Besprochene. *Wie sind meine Erfahrungen mit Gruppenarbeit?*, überlegt jede Schülerin und jeder Schüler zunächst allein für eine

Minute. Dann tauschen sie sich für zwei Minuten zu zweit aus und gehen dann mit einem anderen Paar in einer Vierergruppe zusammen. Im letzten Schritt teilt jede Gruppe mit allen, was sie gesammelt oder herausgefunden hat.

Wir halten auf einem Whiteboard einiges fest. Es zeigt sich, dass alle einige Erfahrungen dazu gesammelt haben, was herausfordernd an Gruppenarbeit ist: dominante und zurückhaltende Charaktere unter einen Hut bekommen, Konflikte auf der Beziehungsebene, wie wenig häufig herauskommt und dass das in größeren Gruppen schlimmer ist als in kleinen.

Jetzt hat jede:r sich genug mit dem Thema verbunden und genügend Ideen für dessen Herausforderungen gesammelt und wir können mit TRIZ kontraproduktive Aktivitäten und Verhaltensweisen identifizieren und so Platz für Neues schaffen.

Dazu überlegen die Schülerinnen und Schüler zunächst in kleinen Gruppen:

> *Was kann ich (durch mein Verhalten) tun, damit Zusammenarbeit in Gruppen so richtig anstrengend wird?*

Der Geräuschpegel steigt, als die Jugendlichen sich mit Ideen für Gemeinheiten und Sand im Getriebe überbieten. Schnell haben wir eine Sammlung vielversprechender Vorschläge: beispielsweise den/die andere:n sofort unterbrechen, und zwar am besten mit abwertenden Bemerkungen; die gemeinsamen Arbeitsmaterialien mitnehmen und dann verschwinden lassen; die Mitarbeit verweigern („da mache ich nicht mit", „das ist doch Babykram") oder nicht zuhören und ins Handy starren bzw. an den unpassendsten Stellen etwas einwerfen, was gar nichts mit dem Thema zu tun hat. Für richtig schlechte Stimmung sorgt, einzelne abzuwerten und auszuschließen.

Nachdenklich und still wird es im nächsten Schritt: Jede:r fragt sich ehrlich, ob sie/er einzelne Dinge auf der Liste in Ansätzen selbst tut. Wir vereinbaren, dass jede:r, die mag, eine Sache teilt. Ein Jugendlicher bekennt freimütig, dass er große Schwierigkeiten damit hat, andere ausreden zu lassen und eigentlich schon immer genau weiß, was zu tun ist und dass das wahrscheinlich für andere ziemlich anstrengend ist. Andere wagen sich nun auch aus der Deckung und teilen, dass sie durch vorschnelles Bewerten von Vorschlägen wahrscheinlich auch dazu bei tragen, dass Gruppenarbeit zäh wird und es schneller emotionaler wird, als ihnen lieb ist.

Verwendete LS

Impromptu Networking	1-2-4-All	TRIZ	Troika Consulting

Die Jugendlichen haben Lust, daran weiterzuarbeiten und die vertrauensvolle Offenheit, die wir jetzt hergestellt haben, zu nutzen. Ich schlage vor, mit einem **Troika Consulting** weiterzumachen, sodass sich jede:r Vorschläge und Ideen bei den Mitschülerinnen und Mitschülern holen kann, wie es ihr oder ihm gelingt, das unproduktive Verhalten abzulegen. Reihum bekommt jede:r Einzelne so die Möglichkeit, in schnellen Beratungsrunden um Hilfe zu bitten und unverzüglich Rat von zwei anderen zu erhalten.

Da wir eine kleinere Gruppe sind und es nicht ganz aufgeht, schlage ich vor, dass ich mitmache und unser Troika eine Runde vor Publikum durchläuft, damit alle den Ablauf einer Konsultation einmal erleben.

Ich suche Rat zu einer familiären Dynamik, die häufig damit endet, dass ich lamentiere, und meine Kinder sich aus der Diskussion verabschiedet haben. Dazu erkläre ich kurz die Herausforderung, worauf die beiden Beratenden die Chance haben, klärende Rückfragen zu stellen. Dann kommt der Teil, in dem ich mich als Ratsuchende umdrehe und einfach nur zuhöre und mir aus dem Gesprochenen das heraussuche, was mir hilfreich erscheint. Das ist diesmal besonders wertvoll: Die Beratenden sind viel näher dran an den Stellschrauben unserer Dynamik als Erwachsene und ich bekomme einen ganz neuen Blick auf meinen Beitrag zu dieser Situation sowie einige Ansatzpunkte, was ich ändern kann.

Ich bin beeindruckt von der konzentrierten und produktiven Stimmung, die sich in den weiteren Runden des Troika Consultings einstellt. Niemals hätte ich mir das in den ersten Minuten – konfrontiert mit dem offen zur Schau getragenen Desinteresse – erträumt!

In der gemeinsamen Auswertung des Workshops bringen die Jugendlichen zur Sprache, dass ihnen für die konzentrierte Arbeit häufig die starke Orientierung an anderen bzw. an der eigenen kleinen Clique im Weg ist – und wie wohltuend es ist, da einmal auszubrechen und mit allen, die da sind, produktiv zu werden. Einer der Teilnehmenden leitet eine Jugendgruppe und hat gleich ganz konkrete Fragen zur Umgestaltung seiner Treffen.

Zugehörigkeit und Ausschließen sind etwas, dass in der Lebensphase der Jugendlichen „dran“ ist – es ist Stoff vieler Romane und ein spannendes Lern- und Übungsfeld. Auch in Gruppen, die dazu neigen, sich abzugrenzen und Cliquen zu bilden, sorgt etwas befreiende Struktur dafür, dass alle zusammen produktiv sind.

Ich nehme aus diesem Tag mit den Jugendlichen die Idee mit, diese Abfolge von Strukturen einmal in einer Organisation zu verwenden, die sehr stark in Silos denkt und arbeitet.

„Liberating Structures sind für mich Workshops für eine bessere Welt! Denn so sollte Zusammenarbeit funktionieren: inklusiv, ergebnisorientiert und offen."

Anja Kässner
setzt Liberating Structures in (virtuellen) Workshops zur Selbstorganisation, Ideenfindung, Inspiration und im Bildungs-Kontext ein.

Gemeinsam den Wert der Vorlesung definieren

Semesterbeginn, irgendwo in Deutschland. Der Saal ist voll und ich bin aufgeregt, schließlich habe ich die Vorlesung in diesem Semester neu übernommen und wurde vorgewarnt: die Master-Studierenden sind anspruchsvoll. Tatsächlich sind einige schon eine halbe Stunde vor der Vorlesung da, während ich die Technik zum Laufen bringe und mich selbst daran erinnern muss, dass ich weiß, worüber ich rede: Organisationale Transformation. Und ich weiß auch, was die Studierenden am meisten interessiert: Was ist für die Klausur wichtig? In jeder weiteren Vorlesung – ausgenommen der letzten – werden höchstens ein Drittel der Studierenden anwesend sein, und diese nach einem langen Tag meist auch eher physisch als geistig. Die Vorlesung hat – Gott sei Dank! – keine Anwesenheitspflicht, und alles zum Thema Klausur muss aus dem Skript ersichtlich sein. Wofür machen wir also nochmal die Vorlesung?

Nachdem ich mich im Semester zuvor durch die späten Vorlesungen gekämpft hatte, zum Teil mit einer Handvoll Studierenden, war das die Frage, die am meisten brannte:

> *Worin besteht der Wert der Vorlesung, wenn sie ohnehin optional ist? Oder auch: worin besteht der Wert nicht?*

Ich hatte beschlossen, genau diese Frage an den Anfang meiner Vorlesung im Masterstudium zu setzen, um die Studierenden einzuladen, diese gemeinsam sinnvoll zu gestalten und die Verantwortung für eine sinnvolle Vorlesung mit allen Beteiligten zu teilen.

Übrigens glaube ich ohnehin nicht daran, dass es besonders wertstiftend ist, als Dozentin stundenlang, nun ja, zu dozieren. Gerade im Masterstudium bringen die Studierenden jede Menge wertvoller Erfahrungen mit, und in meinem Kontext ist das in allen Kursen der Fall, da es sich um ein berufsbegleitendes Studium handelt. Und da sind wir ja umgehend bei Liberating Structures, auch wenn das eher (noch) ungewohnt ist. In meinem Hinterkopf schwebte aber noch das Feedback aus dem vorangegangenen Semester: „Sie zieht immer ihre Kindergarten-Workshops durch“. Im Klartext: „Lass uns in Ruhe und sag uns einfach, was in der Klausur drankommt.“ Nachvollziehbar, trotzdem nicht Sinn der Sache. Ob die Studierenden sich also darauf einlassen würden, konnte ich nicht wissen.

In dieser ersten Vorlesung des Semesters stelle ich also folgende Frage:

> *Wie können wir – Studierende und Dozentin – dafür sorgen, dass die Vorlesung möglichst wenig Mehrwert hat?*

Ein Start mit TRIZ also, und ich bin mir relativ sicher, dass diese Frage im Hörsaal so zuvor noch nicht oft gestellt worden ist. Für eine Sekunde bleibt es ganz still. Und dann legen sie los.

Was folgt, ist geradezu klassisch für TRIZ: Frustabbau. Kein Bezug zur Klausur, zu wenig Beispiele, Buzzwords, das Skript nicht rechtzeitig da, zu viel Stoff in zu wenig Zeit, Redundanzen zu anderen Vorlesungen, und, und, und … Die Ergebnisse betreffen fast ausschließlich die Dozierenden, was nicht wirklich überraschend ist. Daher folgt eine zweite Runde, die den Fokus noch stärker auf die Studierenden und deren Eigenverantwortung für die Studieninhalte legt.

Nur dadurch wird der zweite Schritt tatsächlich sinnvoll:

> *Was von diesen Dingen tust Du bereits heute?*

Ich entscheide mich, diesen individuell und nicht in Kleingruppen durchzuführen, auch, um wieder Ruhe in den Raum zu bringen.

Erst im dritten Schritt geht es dann wieder an die gemeinsame Arbeit, indem eine ganze Reihe von realistisch machbaren Dingen konkretisiert wird. Dass in Zukunft alle Studierenden nicht mehr während der Vorlesung texten, ist vermutlich wenig realistisch. Und dass die Dozentin eine Woche vor den Vorlesungen das Skript zur Verfügung stellt, leider auch nicht.

Für mich die wichtigste Wirkung: die Studierenden werden gehört und gestalten die Vorlesung mit. Das Thema Eigenverantwortung zieht sich wie ein roter Faden durch sämtliche Punkte und ist wertvoll, um die Vorlesung gemeinsam zu gestalten. Und ich habe ganz konkretes Material, um die Vorlesung zu planen, etwa das Skript, das ich ganz wesentlich ausdünne und große Teile auf das Eigenstudium verlege. Den Präsenzvorlesungsteil stütze ich zu einem Großteil auf Praxisbeispiele, worin ich ohnehin am meisten und authentischsten beitragen kann. Und auch wenn es vielleicht nicht der einzig wichtige KPI ist, aber im Verlaufe des Semesters ist fast durchgängig die Hälfte des Kurses anwesend und arbeitet in meinen „Kindergarten-Workshops“ mit.

Verwendete LS

TRIZ

Da die Vorlesung in die Corona-Zeit fiel, war die erste Präsenz-Vorlesung auch die einzige in diesem Semester, der Rest fand virtuell statt. Im Verlauf des Semesters nutzten wir jede Menge weiterer Liberating Structures – alles mit dem Ziel, sich mit den theoretischen Inhalten ganz konkret und am Praxisbeispiel auseinanderzusetzen. Darin ist natürlich jede Menge Stoff für weitere Kapitel über Liberating Structures im Hochschulbetrieb, aber unterm Strich konnte ich mit den Studierenden sehr gut und vor allem direkt zusammenarbeiten, gerade auch im virtuellen Raum.

Obwohl ich als Dozentin arbeite, halte ich nicht viel vom Dozieren. Ich glaube, dass es immer beides braucht: den Inhalt, aber noch viel mehr die Auseinandersetzung damit. Gerade in berufsbegleitenden Vorlesungen und Seminaren ist das jedoch wirklich eine Herausforderung. Indem ich die Studierenden von Anfang an einbezogen habe, das mitzugestalten, war eine Verbindung hergestellt. Ich konnte noch weitere Liberating-Structures-Experimente mit dem Kurs durchführen, die mehr oder weniger gut funktionierten. Die Fishbowl beispielsweise hat eher weniger gut funktioniert, aber ich gebe die Hoffnung noch nicht auf!

4.
Sich gegenseitig unterstützen

Wie gelingt es, Wissen, Erfahrung und Einfallsreichtum jedes einzelnen Gruppenmitglieds zur gegenseitigen Unterstützung zu nutzen?

Wir sind durch unsere Ausbildung häufig so sozialisiert, dass wir dann erfolgreich zu sein scheinen, wenn wir „es allein schaffen" oder „besser sind als andere". Das führt dazu, dass sich Leistungen, die wir nicht allein erbringen, sich wie „gemogelt" anfühlen. Bitte ich in unserer Arbeitswelt um Unterstützung, wird dies oftmals noch als Zeichen der Schwäche angesehen – ich schaffe es nicht allein, ich bin nicht gut genug, ich bin die/der Falsche für die Aufgabe oder ich habe nicht genug Ausdauer, mich allein durchzubeißen. Andersherum möchte ich die eigene Leistung als solche auch anerkannt bekommen. Keinesfalls möchte ich, dass das, was jemand mit meiner Hilfe erreicht, nur diesem allein zugeschrieben wird: Aus Angst, mir könnte etwas weggenommen werden, zeige ich mich nicht besonders freigiebig mit meiner Hilfe.

Dies führt in der Arbeitswelt zu ungesunden Dynamiken und im Ergebnis zu Silodenken, Insellösungen, Macht- und Grabenkämpfen. Wir beschäftigen uns immer mehr mit uns selbst und immer weniger mit der eigentlichen Arbeit.

Die wenigsten Aufgaben in unserer heutigen und zukünftigen Arbeitswelt lassen sich allein in routinierten Abläufen erledigen. Wir müssen in Abstimmung miteinander handeln und gemeinsam flexibel auf neue Herausforderungen reagieren oder miteinander die Chancen und Möglichkeiten nutzen, die sich uns bieten.

Indem Liberating Structures nicht nur Expert:innen eine Stimme geben und Verschiedenheit als Ressource nutzen, ermöglichen sie uns, Lösungen gemeinsam zu entwickeln und andere als Teilgebende wahrzunehmen. Dadurch, dass um Hilfe oder Unterstützung zu fragen in einigen Strukturen explizit angelegt ist, können wir, ohne Schwäche zu zeigen, erleben, wie sich kooperatives Miteinander anfühlt. Plötzlich wird die Lebenswelt und Erfahrung, das Wissen und der Blick auf die Welt oder die Herangehensweise an Herausforderungen anderer zu einem Buffet an Möglichkeiten, an dem sich alle Teilgebenden bedienen können.

Wissen wird mehr, wenn es geteilt wird. Diese Binsenweisheit wird mit LS erfahrbar.

Und plötzlich sind wir in einer Gruppendynamik, in der die Weisheit, das Wissen etwas ist, das mehr wird, wenn man es teilt, erfahrbar wird.

In den Geschichten dieses Kapitels lernt ihr erprobte Strukturen kennen, die es uns ermöglichen, Unterstützung als Ressource anzuzapfen – nicht aus Bedürftigkeit, sondern aus Neugierde und Erkenntnisdrang. Ihr erfahrt, wie mit Liberating Structures ausgetretene Pfade bei Review und Feedback verlassen werden können, um zusammen neue Wege zu gehen. Lest außerdem, wie ihr Liberating Structures nutzen könnt, um einen vertrauten Umgang zu schaffen und eine ansonsten eingespielte Gruppe auch virtuell schnell wieder ins Miteinander zu bringen.

Allen drei Praxisbeispielen in diesem Kapitel ist die Erkenntnis gemein, dass durch Liberating Structures sichere Räume geschaffen werden können, in denen gemeinsam Neues gewonnen werden und sowohl individuelle als auch kollektive Entwicklung stattfinden kann. Das ist nicht nur auf Begegnungen im selben Raum-Zeit-Kontinuum beschränkt, sondern verleiht auch virtuellen Begegnungen Tiefe und Nähe – wie es in allen drei Geschichten nachzulesen ist.

Indem ihr Liberating Structures nutzt, um euch gegenseitig zu unterstützen, füllt ihr das Prinzip „Praktiziert (individuelle) Selbsterkenntnis innerhalb der Gruppe“ mit Leben.

Mit den Strukturen aktiviert ihr die Gruppe größtmöglich und bindet jede:n dabei ein, für sich selbst und die Gruppe als Ganzes Lösungen zu entwickeln. Mit der Betonung von Vielfalt fördern Liberating Structures eure Kreativität und bereichern das Lernen mit- und voneinander. So werden „von oben“ verordnete Lösungsansätze verhindert und es entsteht weniger Widerstand gegen Veränderung. Ihr werdet sehen, dass auf diese Weise unabhängig von der Hierarchie jede:r Lust auf Lernen, Optimierung und Innovation hat.

„Liberating Structures sind für mich einfach zu lernende Mikrostrukturen, die Teams dazu befähigen, vertrauensvoll, frei und verantwortlich zusammenzuarbeiten und zusammen zu lernen."

Felix Wittke
setzt Liberating Structures ein bei seiner Promotion, in der Teamarbeit, zur Selbst- und Teamreflexion, bei Praxisprojekten, Präsentationen, Workshops, Vorlesungen und in der Forschung.

1-2-4-All – Forschungsfrage!

Am 18. März 2020 sind Corona und virtuelle Zusammenarbeit brandneu für viele Menschen und mit vielen Fragezeichen versehen. Ich promoviere am Wittenberg Zentrum für Globale Ethik (WZGE) und der HHL Graduate School of Management zur Frage „Wie kann Reflexion Vertrauen in Teams aufbauen?". Wir haben das große Privileg eines wundervollen Doktorandenkollegs mit 16 hochtalentierten, diversen Doktorand:innen und einer hoch engagierten Wissenschaftlichen Leiterin des Doktorandenkollegs. Wir treffen uns alle 2 Wochen einen Tag lang zum Jour fixe, um den aktuellen Forschungsstand zu Dissertationen und Forschungsarbeiten zu präsentieren und anschließend Fragen zu beantworten, um dadurch Feedback zu bekommen.

Ich möchte den Jour fixe dazu nutzen, mit Liberating Structures neue, vertrauensbildende und reflektierende Arbeitsweisen zu demonstrieren, die das Potenzial, die Diversität und die kollektive Intelligenz der Gruppe noch besser freisetzen können. Denn ich sehe ein Problem des traditionellen wissenschaftlichen Formats von Präsentation und moderierter Diskussion darin, dass ich mein Thema, meine Perspektive und mein Framing präsentiere, und alle müssen mir zunächst zuhören. Danach werden einzelne Fragen gestellt – falls das Publikum noch motiviert ist zu diskutieren –, es bleibt jedoch selten Zeit und Bereitschaft, dass jede:r Fragen stellt und die Beteiligung verschiedener Menschen und Perspektiven gleichermaßen berücksichtigt wird.

Meine Herausforderung: Wie schaffe ich es, verschiedene Perspektiven zu komplexen Themen (der Wirtschafts- und Führungsethik) zu eröffnen, zu integrieren und gleichzeitig Vertrauen in Teams (in neue, virtuelle Arbeitsweisen) aufzubauen?

Mit meinem Vorhaben verändere ich unser altbekanntes Format des Jour fixe. Ich kann mir vorstellen, dass sich die Doktorand:innen fragen, warum man es verändern sollte, wo wir und die Wissenschaft doch schon immer so arbeiten?

Auch virtuelle Treffen über Videokonferenzen waren für manche eine ganz neue Erfahrung, die später unser „New Normal" für die weiteren Jour fixes in den folgenden Monaten wurden. Und als ob das nicht schon herausfordernd genug wäre, habe ich selbst zu diesem Zeitpunkt sehr wenig Erfahrung in der Anleitung von Liberating Structures. Vertrauen in sie kann dann helfen …

Ich frage unsere wissenschaftliche Leiterin des Doktorandenkollegs vorab, ob ich Zoom und Liberating Structures anstelle des Präsentations- und Diskussionsformates für meinen einstündigen Teil unseres Jour fixes verwenden darf. Als Metastruktur und Reflexions-Tool habe ich für die Vorbereitung den vom WZGE zusammen mit Führungskräften entwickelten „Ethischen Kompass für Gute Führung" genutzt:

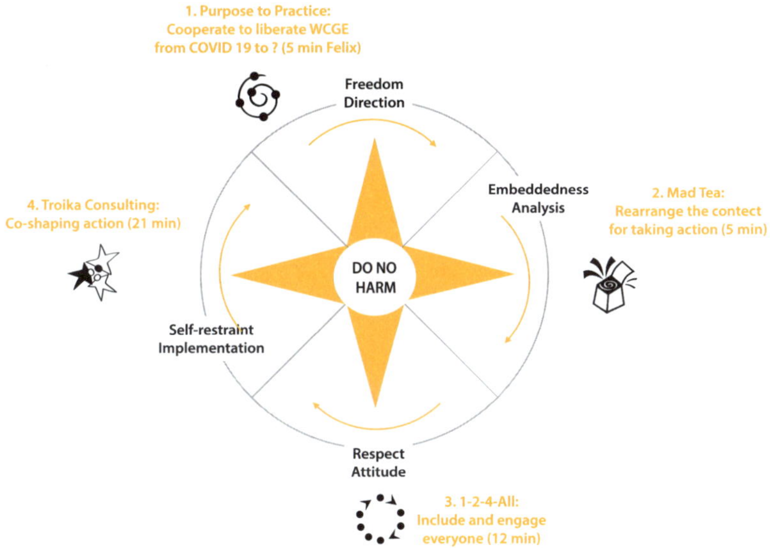

Entlang der vier Richtungen „Freiheit", „Einbettung", „Respekt" und „Selbstbegrenzung" habe ich passende Strukturen identifiziert, um meine Forschungsfrage und -kontext („Wie kann Reflexion Vertrauen in Teams aufbauen?") erfahrbar und interaktiv zu machen. Es gibt keine große Einleitung oder Präsentation zur Freiheit, die meiner Erfahrung nach jeder Mensch, der Liberating Structures erlebt, auch erfährt. Das habe ich zuvor im Design dieser einstündigen Session mit der Struktur **Purpose to Practice** für mich entdeckt. Wie sich später herausstellt, ist **1-2-4-All** die Struktur, die den Unterschied für meine Forschungsfrage und auch das Format unseres Jour fixe machte. In nur 12 Minuten motiviert und integriert ihr damit verschiedene Perspektiven zu komplexen Fragen und Themen und baut gleichzeitig Vertrauen der Teams in neue Arbeitsweisen auf. Das kann jede:r Liberating-Structures-Neueinsteiger:in in jedem Kontext einfach umsetzen.

Zum Einstieg nutze ich **Mad Tea**, um alle gleich zu Beginn mit einzubeziehen, den neuen Corona-Kontext zu vergegenwärtigen und gemeinsam zu reflektieren. In der virtuellen Version sind dabei alle Teilnehmenden eingeladen, in 30 Sekunden intuitiv und synchron Satzanfänge im Chat zu vervollständigen. Jetzt haben sich alle mit dem Kontext meiner Forschungsfrage verbunden und ich kann mir mit **1-2-4-All** dazu Anregungen holen.

Wie kann Reflexion Vertrauen in Teams aufbauen?

Anstelle einer Präsentation meiner Forschungsfrage und anschließendem Feedback nutze ich **1-2-4-All**, um alle bei ihrer Verfeinerung miteinzubeziehen. Alle Teilnehmenden sind zunächst eingeladen, meine Forschungsfrage zu reflektieren und zu beantworten:

> *Wie kann Reflexion Vertrauen in Teams aufbauen?*
>
> Notiere deine intuitiven Antworten. (1 Min.; stille Selbstreflexion, Zoom, Audio und Kamera ausschalten)
>
> Tauscht eure Antworten und Notizen in Paaren aus und verfeinert sie. (2 Min.; Zoom-Breakout-Raum, Audio und Kamera einschalten)
>
> Zwei Paare treffen sich, tauschen sich aus und verfeinern ihre Antworten weiter. Sucht nach Ähnlichkeiten/Mustern. (4 Min.; Zoom-Breakout-Raum, Audio und Kamera einschalten)
>
> Alle Gruppen treffen sich, teilen ihre Antworten Gruppe für Gruppe. Sucht nach Ähnlichkeiten. (5 Min.; Zoom, Audio und Kamera einschalten)

Nach 12 Minuten **1-2-4-All** sind über zwei Seiten präzise, diverse, inhaltliche Stichpunkte zu meiner Forschungsfrage geschrieben. Ein:e Doktorand:in beantwortet meine Forschungsfrage mit einem Satz (deutsche Übersetzung): „Reflexion ist ein wesentlicher Bestandteil für das Verständnis der Position (Andersartigkeit) einer anderen Person, ohne das es keine Möglichkeit gibt, zu vertrauen." Wow!

Die Erfahrung hat mir geholfen, meine Perspektiven und mein Verständnis zu meinem Thema auf den Prüfstand zu stellen und mit dem Publikum abzugleichen. Auch das Ergebnis kann Vertrauen aufbauen: In 12 Minuten tragen wir zusammen, was ich selbst nach 9 Monaten Forschung an dem Thema nicht gesehen habe! Neue Einsichten und neue Sichtweisen machen mich neugierig und sprachlos zugleich … „Was ist da eigentlich gerade passiert?!" denke ich in der Situation und sehe die Verwunderung in den Augen anderer Doktorand:innen.

Weiter geht es mit **Troika Consulting** – einer Struktur, mit der wir uns schnell und einfallsreich Unterstützung bei Kolleg:innen abholen können. Um meine Forschungsfrage zum Aufbau von Vertrauen in Teams über Reflexion direkt greifbar und erfahrbar zu machen, sollen Doktorand*innen zusammen Empfehlungen und mögliche Handlungen und Selbstbegrenzungen zu individuellen (Vertrauens-) Problemen und (Vertrauens-)Herausforderungen herausarbeiten. Ich bin selbst nicht Teil der Breakout-Räume und bemesse das Timing zu knapp und vergesse den Timer. Anfänger eben …

Stattdessen reflektiere ich: Was heißt Selbstbegrenzung meiner Handlungen hier jetzt gerade für mich? Dafür nutze ich **15 % Solutions** bezüglich des Formates des regelmäßigen Treffens und frage mich „Was sind meine 15 %? Wo haben ich und die anderen Doktorand:innen die Freiheit, nach eigenem Ermessen zu handeln? Was kann ich tun, ohne nach zusätzlichen Ressourcen oder Erlaubnis fragen zu müssen?"

Meine 15 % Lösung(-en): Beginne einfach mit einer **1-2-4-All** zu der eigenen (Forschungs-)frage. Mit einer **1-(2-)4-All** zur Forschungsfrage kann *jede:r jede:n* in 12 Minuten in eine Präsentation mit einbeziehen.

Stelle 5 Minuten dein Thema und Problem vor, nenne die Frage und lade dann alle mit der **1-(2-)4-All** ein, etwas beizutragen. So motiviere und integriere ich verschiedene Perspektiven zu komplexen Fragen und Themen und baue gleichzeitig Vertrauen in Teams in neue Arbeitsweisen auf. Das kann jede:r Liberating-Structures-Neueinsteiger:in in jedem Kontext einfach umsetzen.

Und warum ist Teamreflexion mittels Liberating Structures so wirkungsvoll? Vertrauen und Kooperation sind für mich (und dich?), für viele Doktorand:innen des WZGE sowie Wissenschaftler:innen und Praktiker:innen zentrale Elemente, um neue Wege zu gehen — nicht nur thematisch, sondern auch in Beziehung zu sich selbst und mit dem Team. Zum Glück habe ich durch das Liberating Structures Lab Berlin und die globale Liberating Structures Community erfahren, dass ich Reflexion und Vertrauen durch Liberating Structures erfahrbar und interaktiv ko-kreieren kann. Liberating Structures ermöglichen es, schnell und einfach viele Menschen einzubeziehen. Zum Beispiel ermöglichte **1-2-4-All** 17 Personen, in 12 Minuten 2,5 Seiten zusammenzuschreiben. Somit ist in derselben Zeit viel mehr möglich, als wenn ich präsentiere und mich als Experte einbringe und doch eigentlich diverse Einsichten und Feedback anderer kluger Menschen erwünsche. Liberating Structures bedeuten und ermöglichen es, frei und strukturiert zusammenzuarbeiten.

Diese Erfahrung hat manche Doktorand:innen und mich selbst reflektieren lassen und Vertrauen (auch in Liberating Structures) aufgebaut: Für viele war dies das erste Zoom-Meeting von vielen folgenden virtuellen Jour fixes, Teamreflexionen und Praxisprojekten seit Mitte März. Das strahlende Leuchten in den Augen meiner Mit-Doktorand:innen begeistert mich seit dieser Erfahrung, meinen Weg und meine Praxis mit Liberating Structures weiterzuführen. Das Feedback der Doktorand:innen lässt auch meine Augen leuchten: So eine Energie und Partizipation der Teilnehmenden in einer Stunde gibt es in der (virtuellen) Form selten. Eine Doktorandin hat mich daraufhin kontaktiert und eine Woche später in einer Zoom-Telko eines Doktorandenseminars nur 5 Minuten einführend ihr Thema präsentiert und dann eine **1-(2)-4-All**-Variation zu ihrer Forschungsfrage gemacht. Auch das ist eine super Möglichkeit, Liberating Structures praktisch einzusetzen, auch wenn formal eine Präsentation gefordert wird.

Troika Consulting, die letzte Liberating Structure, die ich beim Jour fixe eingesetzt hatte, um ein alternatives Format für die gegenseitige Unterstützung vorzustellen, inspirierte weitere Zusammenarbeit: Doktorand:innen haben mich zu einem einstündigen wöchentlichen Treffen, einer „Quatroika" (Troika zu viert), eingeladen. Nach der ersten Woche ging ich in den Urlaub und Quatroika wurde 3 Wochen ohne mich weitergeführt. Ich habe nur gehört, dass u. a. innerhalb einer Stunde eine komplette Gliederung einer Dissertation erarbeitet wurde. Seit dem ersten Dienstag im Januar 2021 startet eine weitere Troika-Gruppe, die sich selbst organisiert hat.

Liberating Structures ermöglichen mir auch ein Lernen über mich selbst: neugierig sein, vertrauen, fragen, ausprobieren, erfahren, reflektieren, lernen … Ja genau, was hast du, liebe:r Leser:in, gelernt?

„Liberating Structures sind für mich ein methodisches Geländer, um einen ko-kreativen Raum für Entwicklung zu öffnen und zu halten.“

Helga Brüggemann
setzt Liberating Structures in ihrer Firma Systemische Beratung Düsseldorf in Einzel- und Gruppencoachings, bei der Moderation von Großgruppenveranstaltungen und Workshops, Webinaren, in der Prozessbegleitung in Unternehmen, bei Retrospektiven und Lehraufträgen ein.

Soziale Nähe bei physischer Distanz

Ich sitze an meinem Schreibtisch in Düsseldorf, in der Rosenstraße. Die monatliche Business Evolution Lounge® steht an, ein Format für ein Gruppencoaching, das sich im Laufe der letzten zehn Jahre zu einem nachgefragten Format entwickelt hat. Die Kundinnen kommen immer wieder, weil sie diese 90 Minuten als Quality-Time erleben, die ihnen hilft, sich zu klären, Denk- und Verhaltensmuster zu erkennen, Energie zu tanken und sich weiterzuentwickeln. Da die Gruppe ausschließlich aus Frauen besteht, nutze ich in diesem Artikel die weibliche Form.

Normalerweise treffen wir uns bei mir im Büro mit maximal acht Personen. Die Teilnehmerinnen kommen aus unterschiedlichen Berufsfeldern. Gemeinsam ist ihnen die Lust am gemeinsamen Innehalten, um eine innere Momentaufnahme zu machen, den anderen ihre volle Aufmerksamkeit zu schenken und die Bereitschaft, 90 Minuten mit- und voneinander zu lernen. Im März 2020 veränderte der Lockdown die Rahmenbedingungen. Ein persönliches Treffen war nicht mehr möglich. Unsere Gruppencoachings leben von sozialer Nähe, die sich schnell in dem vertrauensvollen Rahmen einstellt, sobald wir im Kreis sitzen. In dem Buch „Humble Leadership“ (Ed Schein, 2019) werden die Rahmenbedingungen, die unsere Runden kennzeichnen, treffend beschrieben: Wir haben echtes Interesse aneinander, bauen vertrauensvolle Verbindungen auf und teilen alle den Wunsch, uns gegenseitig mit maximaler Neugierde zu helfen.

Wie kann diese soziale Nähe auch bei physischer Distanz gelingen?

Die Antwort auf diese Frage finde ich bei Liberating Structures – ein reichhaltiger Fundus, aus dem ich schöpfen kann, um die Business Evolution Lounge® im virtuellen Raum abwechslungsreich und vertrauensvoll zu gestalten. Eine Auswahl von Liberating Structures bildet mein methodisches Geländer, um den Raum zu öffnen und über die 90 Minuten hinweg so zu halten, dass die gefühlte Nähe einer Live-Begegnung nahekommt.

Stufe 1: Ankommen und Vertrauen aufbauen

Stufe 2: Raum öffnen für die inhaltliche Auseinandersetzung (**Drawing together**)

Stufe 3: Transfer und Raum mit einem Ritual schließen (**What, So what, Now what?**)

Stufe 1: Ankommen und Vertrauen aufbauen

Die Teilnehmerinnen kommen in der Regel direkt von der Arbeit. Nach dem Einwählen heißt es daher, erst einmal anzukommen in diesem digitalen Raum. Dieses Ankommen wird erleichtert, indem jede Teilnehmerin kurz ihre Stimme gehört und Erwartungen für das Online-Meeting ausgesprochen hat. An diesem Abend begrüße ich die Teilnehmerinnen mit der Frage, mit welchem Gedanken sie sich eingewählt haben und wie ihr Energielevel auf einer Skala von 1–10 gegenwärtig ist. 1 steht für ein niedriges Energielevel, 10 für ein hohes. Die Zahl bitte ich um die Information zu ergänzen, welche Erwartungen und Wünsche an diese Runde für diesen Abend bestehen. Es ist immer wieder erstaunlich zu beobachten, wie das Äußern von Bedürfnissen Nähe schafft. Hineinzuspüren, wie es uns geht, und dann zu offenbaren, was wir brauchen, zentriert jede Einzelne und macht die unterschiedlichen Bedürfnisse transparent. Auf diese Weise wird schnell Vertrauen aufgebaut. Die Teilnehmerinnen sind jetzt angekommen in einem sicheren Raum und können sich auf den Gruppenprozess einlassen.

Nach dieser Einstiegsrunde von zehn Minuten gebe ich einen Kurzinput zu dem Thema des Abends: „Resonanz“. Die Themen variieren in Abhängigkeit der Erwartungen und Bedürfnisse der Teilnehmerinnen. An diesem Abend lautet die Ausgangsfrage:

In welchem Kontext und unter welchen Bedingungen habe ich bisher Resonanzerfahrungen gemacht, die mich stärkten?

Die Einleitung, in der ich Kernbotschaften des Buches *Resonanz* (Hartmut Rosa, Resonanz: Eine Soziologie der Weltbeziehung, 2019) vorstelle, halte ich möglichst kurz. Sie dient als Impuls, sich diesem Thema zu nähern.

Verwendete LS

Drawing together | **What, So what, Now what?**

Stufe 2: Raum öffnen für die inhaltliche Zusammenarbeit (Drawing together)

Die Teilnehmerinnen sind angekommen, und genügend Vertrauen ist aufgebaut, um inhaltlich einsteigen zu können. Meine Wahl, um den Raum für die tiefere inhaltliche Zusammenarbeit zu öffnen, fällt auf **Drawing together**. Diese Methode ermöglicht eine visuell unterstützte Einzelreflexion.

Ich lade die Teilnehmerinnen ein, Antworten zu unserer Ausgangsfrage mit den Symbolen der Struktur auszudrücken:

> *In welchem Kontext und unter welchen Bedingungen habe ich Resonanzerfahrungen gemacht, die mich stärkten?*

Drawing together hält als Strukturhilfe fünf Symbole bereit, die einfach zu zeichnen sind. Es ist immer wieder beeindruckend, mit wie wenig Elementen auch komplexere Sachverhalte kreativ mit folgenden fünf Elementen visualisiert werden können:

- Sternen-Figur (Beziehung),
- Kreis (Ganzheit),
- Spirale (Veränderung),
- Rechteck (Unterstützung),
- Dreieck (Ziel).

Mithilfe dieser Legende kann die Analyse eines Themas anschaulich visualisiert werden. Je nachdem, wie vertraut die Teilnehmerinnen mit der digitalen Welt sind, besteht die Möglichkeit, die Zeichnung auf einem Whiteboard vorzunehmen oder auf einem DIN-A4-Blatt, das dann später bei der Vorstellung in die Kamera gehalten werden kann.

In einem zweiten Schritt teilen die Teilnehmerinnen in Breakout-Räumen ihre Zeichnungen miteinander. Dabei kommentiert jede die Zeichnung der anderen auf wertschätzende Weise – und erweitert so den Blick der Gesprächspartnerin auf das Thema durch ihre Interpretation.

Nach 15 Minuten kommen die Teilnehmerinnen aus der virtuellen Kleingruppenarbeit zurück und teilen kurz die Erkenntnisse. Hier ein Beispiel:

Durch die Struktur werden in relativ kurzer Zeit Gemeinsamkeiten und Unterschiede in der Gruppe deutlich: Viele visualisieren einen geschützten Raum. Er zeichnet sich aus durch eine besondere Qualität des Zuhörens, eine wertschätzende Haltung der Teilnehmerinnen und bestärkendes Feedback. Die Business Evolution Lounge® wird als Beispiel für solch einen Raum genannt. Wie zufällig weitere stärkende Resonanzräume entstehen können, skizzieren die Teilnehmerinnen unterschiedlich. Die Bandbreite reicht von der Planung konkreter Anlässe bis hin zur Offenheit für spontane Begegnungen, in der die Teilnehmerinnen positive Resonanz unverhofft erfahren. Auf individueller Ebene werden verborgenes Wissen, Gefühle und Muster zugänglich, wie das Bedürfnis nach Zugehörigkeit und psychologischer Sicherheit. Auf kollektiver Ebene ermöglicht die Visualisierung einen distanzierten Außenblick. Die Ausrichtung auf ein gemeinsames Ziel schafft Klarheit. Die Teilnehmerinnen fühlen sich als Teil eines größeren Ganzen. In der Zusammenschau der Bilder werden diverse Perspektiven und Zusammenhänge erkenn- und nachvollziehbar. In kurzer Zeit entsteht so die Basis für einen substanziellen Austausch. **Drawing Together** schweißt die Teilnehmerinnen noch mehr zusammen, weil sich jede vertrauensvoll öffnen, einbringen und zeigen kann. Sie ermöglicht Entwicklung, indem die Gruppe von außen auf sich selbst schauen und sich auf diese Weise als soziales System wahrnehmen kann. Der Zusammenhalt der Gruppe wird mit dieser Struktur weiter gefördert und das Vertrauen gestärkt.

Stufe 3: Transfer und Raum mit einem Ritual schließen (What, So what, Now what?)

Wir beenden die Sitzung mit einem Gruppenritual, um den Transfer zu sichern und den Raum gemeinsam zu schließen. Die Methode **What, So what, Now what?** bietet sich an, weil die drei Fragen „Was, Wofür, Was jetzt?“ eine gute Strukturhilfe sind, sich kurz vor Schluss noch einmal zu zentrieren und den Transfer vorzubereiten.

Ich frage die Teilnehmerinnen, was die wichtigste Erkenntnis des Abends war, wofür sie diese zukünftig nutzen können und was der nächste Schritt zur Umsetzung ist. Die Teilnehmerinnen denken zunächst für sich eine Minute nach. Danach schreiben sie den wichtigsten nächsten Schritt in den Chat als Vorbereitung für die Abschlussrunde.

Die letzten 10 Minuten nutzen wir, um nacheinander ein Abschluss-Statement abzugeben, wie der Handlungsimpuls nach der Business Evolution Lounge® in die Tat umgesetzt werden kann.

Im digitalen Raum sind Liberating Structures effektiv einsetzbar, um schnell anzukommen, den Raum zu öffnen, eine konzentrierte Zusammenarbeit mit einem Thema anzuregen, Vertrauen aufzubauen und auf diese Weise soziale Nähe bei physischer Distanz zu erzeugen. Sie geben schnell Orientierung und helfen, sich ko-kreativ und gegenseitig unterstützend mit einem Thema zu beschäftigen, in einer Tiefe, die ich zuvor nur im analogen Raum für möglich gehalten hätte.

Abschließend möchte ich noch eine Erkenntnis zum Arbeiten im digitalen Raum teilen.

Für eine digitale Business Evolution Lounge® muss ich mehr Zeit für die Vorbereitung einplanen als für eine analoge – häufig das Doppelte an Zeit. Der Raum, in dem die Methoden angewendet werden, sollte so vorbereitet sein, dass jederzeit Orientierung gegeben ist. Hier drei Beispiele:

- Für die Skalenabfragen blende ich ein vorbereitetes Whiteboard ein, auf dem die Teilnehmerinnen Punkte setzen können.
- Während der Zeichnungserstellung ist die Legende im Chat abrufbar.
- Ein visueller und akustischer Timer hilft allen Beteiligten, die Zeit im Blick zu behalten.

Die Kurzweiligkeit durch den hohen Interaktions- und Varietätsgrad und der Aufbau eines Wir-Gefühls zwischen über 70 Personen aus der Unternehmenswelt, Forschung und Beratung ist mit dem „Innovator des Jahres 2020“ für „Onlinepräsenz – virtuell und doch ganz nah“ von der Zeitschrift *Die Deutsche Wirtschaft* ausgezeichnet worden.

„Liberating Structures sind für mich befreiende Struktur zur Co-Kreation."

Anja Ebers
setzt Liberating Structures in der Zusammenarbeit ihres Netzwerks von Liberating Structures Begleiter:innen und in dessen Workshops, Lernerlebnissen und Coachings ein.
www.liberatingnetwork.com

Von der Schreibblockade zu virtuellem Erlebnislernen

Es ist mal wieder so weit. Ich habe mein zweiwöchentliches Treffen mit Stefan und Marco, um unserem Stiefkind, der Bekanntmachung und Vermarktung unserer Angebote als selbständige Berater:innen, etwas Aufmerksamkeit zu schenken.

Ich habe die beiden beim globalen Treffen der Liberating Structures Practitioner in Seattle kennengelernt. Aus einem lockeren Austausch zu einem Workshop, den die beiden damals planten, entwickelte sich ein regelmäßiges virtuelles Treffen, das uns dabei hilft, das Thema Marketing bei jedem von uns etwas mehr auf den Schirm zu bekommen.

In unserem letzten Treffen hatten wir die Idee, zu Strukturen, die virtuell besonders leicht umzusetzen sind, Videos aufzunehmen und so leicht teilbare Inhalte zur Veranschaulichung unserer Arbeit zu generieren. Da wir uns immer zu dritt treffen, fällt die Wahl für unsere erste Aufnahme auf **Troika Consulting**.

Ich bin als erste als Ratsuchende an der Reihe und bitte um Anregungen, um endlich einen lange versprochenen aber immer wieder aufgeschobenen Artikel zu Liberating Structures zu schreiben. Ich schildere also in zwei Minuten, woran es hängt und wie schwierig ich es finde, einen neuen Dreh zu finden, wo doch schon so viel geschrieben wurde und wo wir doch alle wissen, dass darüber lesen was anderes ist, als es zu erleben.

Die beiden haben wenige Rückfragen und so kann ich bald mein Video ausschalten und mir anschauen, wie sie sich über meine Herausforderung austauschen. Sie sind ein eingespieltes Team, wenn es darum geht, Dinge zu übertreiben und mit liebevoller Provokation an's Licht zu holen. In den rund sieben Minuten, in denen sie sich unterhalten, lerne ich viel über meinen inneren Zensor und womit ich mir selbst im Weg stehe.

Zum Abschluss meiner Konsultation teile ich für eine Minute die Aspekte, die ich aus ihrer Unterhaltung mitnehme und ende etwas verzweifelt mit:

„Oh je, wenn ich mir selbst weniger im Weg stehen würde, ginge es wahrscheinlich ganz von selbst!"

Spontan beschließen wir, dass wir die anderen beiden Konsultationen unseres **Troika Consultings** auf ein anderes Mal verschieben und stattdessen mit einer weiteren Struktur – **TRIZ** – weiterzumachen. **TRIZ** sind die Anfangsbuchstaben eines unaussprechlichen russischen Satzes, der sinngemäß „Theorie des erfinderischen Problemlösens" bedeutet. Erfinderisch deshalb, weil man zunächst seine gesamte Kreativität darauf richtet, das Gegenteil von dem zu erreichen, was man eigentlich möchte. Das rückt die Dinge in den Fokus, bei denen man sich selbst im Weg steht, und birgt die Aussicht, schon fast am Ziel zu sein, wenn man nur einige dieser selbst auferlegten Hindernisse aus dem Weg schafft.

> *„Schafft Platz für Neues, indem ihr kontraproduktives Verhalten stoppt"*, heißt es zu dieser Struktur im Liberating-Structures-Menü.

Wir starten also wieder die Videoaufnahme und sammeln zunächst im ersten Schritt von **TRIZ** rund fünf Minuten lang vielversprechende Ansätze zu der Frage:

> *Wie gelingt es uns, das Schreiben eines Artikel so mühsam zu machen, dass wir gar nicht erst anfangen?*

Wir haben großen Spaß daran, uns zu überlegen, wie die absolute Schreibblockade gelingt. Hier sind einige Zutaten dafür:

- Wir könnten möglichst viel wollen mit diesem Artikel, und zwar alles gleichzeitig!
- Und nie richtig definieren, was es alles ist, was wir wollen …
- Es könnte auch helfen, noch viele andere einzubinden, die wieder eine ganz andere Vorstellung davon haben, was man schreiben könnte …
- Und die immer nur sporadisch und ganz besonders uninspiriert Inputs liefern …
- Vielversprechend könnte auch sein, sich immer wieder Leute vor Augen zu führen, die Liberating Structures eh für alten Wein in neuen Schläuchen halten …
- Wie wäre es, wenn wir noch Menschen einbinden, die uns Freigaben erteilen? Z. B. erstmal auf Englisch übersetzen und dann mit Keith und Henri abstimmen?
- Genau! Verweise auf noch unfertige andere Sachen, die noch so bei uns schlummern, könnten auch helfen, mit dem Artikel-Schreiben nicht anzufangen …
- …

Verwendete LS

Troika Consulting

TRIZ

Im zweiten Schritt von TRIZ gehen wir unsere Einfälle für die garantierte Schreibblockade durch und fragen uns ehrlich: *Sind auf dieser Liste Dinge, die wir ansatzweise machen?*

In meinem Fall ist es das viele gleichzeitig Wollen und der viele Raum, den ich denjenigen gebe, die die Systematisierungsleistung der Begründer nicht sehen und die Praxis für alten Wein in neuen Schläuchen halten.

Diese Fragestellung verändert die Perspektive: Wir reden nicht mehr nur über meine aktuelle Herausforderung, sondern wir schaffen einen Raum, in dem wir unsere unproduktiven Verhaltensweisen und Muster rund um das Thema Marketingkommunikation ansprechbar machen.

Was wäre, wenn wir diese unproduktiven Verhaltensweisen sein lassen?

Im letzten Schritt von TRIZ tauschen wir uns darüber aus, wie es gelingt, das identifizierte unproduktive Verhalten abzustellen. Besonders befreiend für mich persönlich ist dabei, dass ich einfach diejenigen, die eh schon eine vorgefertigte Meinung zu Liberating Structures haben, bei mir auf ‚stumm' schalten werde – ganz automatisch tauchen stattdessen vor meinem inneren Auge neugierige, wissbegierige zukünftige Liberating-Structures-Anwender:innen auf, die ich für meinen Artikel in den Blick nehmen werde.

Ich schreibe also befreit von Ballast meinen Artikel. Unser Video editiere ich und mache daraus zwei Videos – eines für jede der beiden Strukturen. Ich lade sie auf einer Videoplattform unter dem Schlagwort „#LiberatingStructures" und der jeweiligen Struktur hoch, sodass jede:r, der diese Strukturen noch nicht kennt oder sich nicht (virtuell) vorstellen kann, sie sich direkt in der Anwendung ansehen kann. In unserem nächsten Treffen wollen wir überlegen, wie wir solche Videos weiter nutzen könnten, um unsere Marketingkommunikation zu verbessern.

Kreative Zerstörung, die nachwirkt

Und siehe da, auch mittelfristig und auf einer übergeordneten Ebene entsteht Platz für Neues; es ist uns deutlich geworden, dass wir uns im Weg stehen, wenn wir möglichst viel wollen, und zwar alles bei jedem Schritt und ohne vorher unsere Absichten zu klären.

Also besprechen wir in unserem nächsten Treffen, was der eigentliche Anlass war, diese Aufnahmen zu machen? Wir erinnern uns: nicht reden über die Wirkung unserer Arbeit, sondern das Erleben ihrer Wirkung!

Von da aus denken wir weiter: Wie wäre es, wenn wir – so ähnlich wie wir es auf Video festgehalten haben – möglichst anschauliche Erlebnisse schaffen, in denen Interessierte erleben, welche Wirkung es hat, wenn Treffen anders gestaltet werden?

Die Idee für virtuelles Erlebnislernen – wir nennen es später „Doing by Doing" – und eine weitergehende Kooperation miteinander ist geboren.

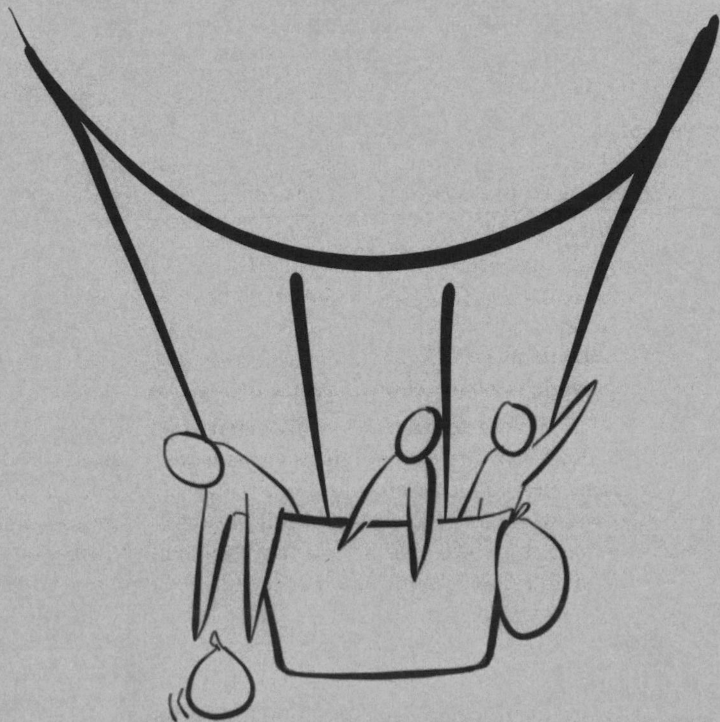

5.
In Projekten zusammenarbeiten

Wie können wir in Projekten produktiv zusammenarbeiten, gemeinsam auf ein Ziel einzahlen und flexibel auf neue Anforderungen reagieren?

Viele Vorhaben in unseren Organisationen sind nicht mehr von einer Organisationseinheit allein zu bewältigen – in Projekten mit anderen Abteilungen oder externen Dienstleistern arbeiten wir temporär in einem abgesteckten Rahmen auf ein Ergebnis hin. Teilweise haben die Projekte so zugenommen, dass Unternehmen sich bemühen, die tatsächliche Zusammenarbeit durch Umstrukturierungen besser abzubilden oder die Projektarbeit mit Frameworks wie Scrum beweglicher zu gestalten.

Immer mehr Bereiche unserer Arbeitswelt sind also in Projekten organisiert, die parallel zur eigentlichen Arbeit in unserer Organisationseinheit stattfinden. Im Idealfall erleben wir die Projektarbeit als Zusammenspiel von Expert:innen, die ihr Bestes für das Erreichen des Projektziels im Rahmen der vorgegebenen Zeit und der eingeplanten Kosten geben.

Bei wechselnden Teamkonstellationen ins Miteinander zu finden, ist eine Herausforderung. Routinen und Kommunikationspfade stellen sich nicht allein durch Regeln oder Handbücher ein – wir müssen gemeinsam erleben und ausprobieren, was wir brauchen, um gleichzeitig gut abgestimmt zu handeln, aber auch eigenverantwortlich „Strecke“ zu machen und nicht zu viel Zeit auf Kommunikation und Abstimmung zu verwenden.

Manchmal hat sich im Verlauf des Projektes die Welt weitergedreht und es gibt neue Erkenntnisse, die wir mitberücksichtigen möchten, oder es scheint nötig, das Projektziel insgesamt neu zu formulieren. Das erfordert von allen Akteur:innen Beweglichkeit bei gleichzeitiger Umsicht mit Blick auf Projektdauer und Kosten. Auch hier ist wieder das Projektteam im Vorteil, das bereits in ein gutes Miteinander gefunden hat und mit den neuen Anforderungen umgehen kann.

Die Geschichten in diesem Kapitel zeigen dir, wie du mit Liberating Structures Störungen im Projekt vermeidest, indem du bereits im Vorfeld dafür sorgst, dass sie erst gar nicht auftreten. Sie erzählen davon, wie von Beginn an Verbindung und Vertrauen entstehen und wir dadurch in der Lage sind, unsere unterschiedlichen Sichtweisen wertzuschätzen und uns auf eine gemeinsame Marschrichtung zu verständigen. Du wirst lesen, wie Liberating Structures Projektmanagement-Frameworks sinnvoll ergänzen oder präzisieren können und wie gut sie sich im laufenden Betrieb als Ergänzung herkömmlicher Meeting- oder Workshop-Formate integrieren lassen.

Liberating Structures in der Projektarbeit helfen dir dabei, den Ballast der Projektarbeit loszuwerden und das Prinzip „Schafft mit kreativer Zerstörung Platz für Neues“ mit Leben zu füllen.

Sie versetzen in die Lage, euch auf das Ziel zu verständigen, auf das ihr alle gemeinsam hinarbeitet. Sie ermöglichen, euch über eure Zusammenarbeit auszutauschen. Im geschützten Raum, den die Strukturen bieten, könnt ihr ohne Schuldzuweisungen gemeinsam hinderliche Praktiken und Verhaltensweisen benennen oder auf sie aufmerksam machen, sollten sich diese in der Zusammenarbeit einmal zeigen. Ihr werdet euch viel weniger damit beschäftigen, Lösungen für Probleme in der Zusammenarbeit zu finden, da unproduktive Verhaltensweisen oder Praktiken unterbleiben und euch Platz schaffen für die eigentliche Arbeit am Projekt.

Liberating Structures sind ein Glücksfall für meine Arbeit! Sie bringen Menschen sofort auf Augenhöhe, schaffen Vertrauen und Dynamik und bringen die Verantwortung für die Lösung dorthin, wo sie stattfinden muss – beim Klienten.

Henriette Wienges
setzt Liberating Structures ein, um Inhalte zu lehren, bei Team-Coachings, als Analyse- und Organisationsentwicklungstool und für mehr Innovation, Motivation, Einbindung auf Augenhöhe und Spaß.

Bitte etwas mehr „Madness"!

Ich sitze im Zug nach Leipzig in einem Speisewagen wahrscheinlich aus den 1960er-Jahren und habe an dem Retro-Look echt Spaß. Es gibt richtige Tischdecken, runde weiße kleine Tischlampen und rote Sitze. Speisewagen habe ich mir früher nie gegönnt, aber mittlerweile ist es ein kleines Ritual, dort einen Kaffee zu trinken und eine halbe Stunde den Morgen aus den Fenstern zu beobachten. Natürlich kann ich dieses Ritual nur durchführen, wenn ich für den anstehenden Workshop schon mit allem fertig bin. Heute ist dem so. Ich gehe meine Moderationskarten noch einmal durch und freue mich auf diesen besonderen Kick-off. Ich darf heute das erste Treffen eines neu zusammengestellten Teams moderieren, welches als erstes im Unternehmen als Experiment zu 100 % nach Scrum arbeiten soll.

Wir sind bei einer Gesundheitskasse, und es sind neun Teilnehmende in dem Workshopraum, der ganz „a la mode" mit Stehstühlen, Sitzsack und mobilem Mobiliar ausgestattet ist.

Die Teilnehmenden waren bisher in einer Linie hierarchisch organisierte Sachbearbeiter:innen und wurden aufgrund ihres Engagement vorgeschlagen oder durch eine eigene Bewerbung für dieses Experiment ausgewählt – eine tolle Startbedingung für den Kick-off und das Projekt. (Gleichzeitig ändert sich eine Haltung und Arbeitskultur bei den Menschen nicht über Nacht.)

Drei Dinge sind also für den Projektstart wichtig:

1. Das neu zusammengestellte Team muss sich finden – also Teambuilding.
2. Jeder und jede muss wissen, worauf er oder sie sich einlassen, d.h. die möglichen Herausforderungen und die Bedeutung des Experiments im Unternehmenskontext müssen allen klar sein, und ein Commitment muss explizit abgegeben werden.

3. Die Arbeitskultur dieses neuen Projektteams muss von Anfang an vor allem eines sein – anders. Dafür müssen neben der neuen Arbeitsweise mit Scrum ein anderer Ton und eine andere Dynamik gesetzt werden, die fortan das Projekt prägen sollen.

Es ist eine große Sache für die Teilnehmenden, Teil dieses Experiments zu sein und dieses umsetzen zu dürfen. Als Projektgruppe bedeutet das aber auch, dass die Mitarbeiter:innen nur dann weiter in dieser Form arbeiten dürfen, wenn die neuen Arbeitsweisen für das Unternehmen einen messbaren Erfolg bringen. Ich will daher, dass dieses Projekt gut läuft und wir viel lernen.

Ich freue mich, heute eine meiner Lieblingsstrukturen im Gepäck dabei zu haben: **Mad Tea Party** – eine Liberating Structure, die bisher noch nicht zu den offiziellen Liberating Structures gehört. Meiner Meinung nach ist diese Struktur unglaublich nützlich und wirksam, wenn es darum geht, in kurzer Zeit die Ideen und Gedanken von jedem Einzelnen strukturiert aus den Köpfen zu holen und alle einzubinden. Diese Struktur beginnt schon mit einer ungewöhnlichen Form: Die Teilnehmenden stellen sich dafür wie bei einem Volkstanz im Kreis auf, wobei es einen inneren und einen äußeren Kreis gibt. Die Partner des inneren und äußeren Kreises schauen sich an, weil nun ein Speed-Teeplausch entstehen soll. Dafür gebe ich im weiteren Verlauf eine Reihe von Satzanfängen, die in den Paaren von jedem Partner nacheinander um das individuelle „Satzende" in je 30 Sekunden ergänzt werden.

Die Bewegung und das „Verrückte" der Teaparty entsteht, da nach jedem weiteren gegebenen Satzanfang zum nächsten Partner gewechselt wird. Eigentlich wird dies nur mündlich gemacht, aber für meine Workshops wandle ich die Struktur gern etwas ab – ich lasse die zuhörenden Partner:innen die Antworten des zu vervollständigenden Satzes auf Post-its mitschreiben, damit die Ergebnisse sofort transparent und gemeinsam nutzbar sind. Bei dieser abgewandelten Form kann man dann auch auf das Strategie-Arbeitsblatt verzichten, welches ansonsten der Ergebnissicherung aus den Gesprächen im Nachgang als Einzelarbeit dient.

Mit dieser Struktur kann durch das gleichzeitige Tun und die gemeinsame Bewegung viel Spaß entstehen. Man kann neben inhaltlichen Fragen natürlich auch persönliche oder Spaßfragen formulieren und so den Charakter eines „Warm-up" verstärken. Daher eignet sich die **Mad Tea Party** aus meiner Sicht besonders gut für ein Kick-off.

Verwendete LS

Mad Tea Party

1-2-4-All

Ich möchte also, dass alle Teilnehmenden in ein Gespräch miteinander kommen und zugleich von den anderen wissen, was sie über bestimmte Fragen denken. Die Struktur gibt mit den spontanen Fragen und der kurzen Antwortzeit keinen Raum für peinliche Stille in einer neuen Gruppe. Die Aufstellung in Zweiergruppen macht die Gespräche zudem etwas privater, auch wenn wir die Ergebnisse miteinander teilen werden. Außerdem bringt uns die Struktur in Bewegung und den Workshop „auf Tempo".

Die erste Frage, die ich bei der **Mad Tea Party** stelle, habe ich aus den auf der Website von Liberating Structures vorgeschlagenen Fragen entnommen:

Welche mutige Unterhaltung sollten wir führen?

Ich finde das ist eine sehr gute Frage für eine Gruppe von Leuten, die im Unternehmen etwas „auf links" krempeln und durchaus Klarheit darüber haben sollten, welche Herausforderungen auf sie zukommen können. Es geht mir in diesem Schritt insbesondere um eine möglichst differenzierte Standpunktverortung der Teilnehmenden und um erste Ansätze, woran die Gruppe arbeiten will. Da ich die Aussagen für die weitere Bearbeitung und eine gegenseitige Transparenz im Detail festhalten möchte, ist die gewählte Struktur bewusst keine, die auf Anonymität basiert, und darum erweitere ich die Methode um die erwähnten Post-its.

Die weiteren Fragen sind ebenfalls Übersetzungen der Vorschläge von der Liberating-Structures-Website. Ich habe die für den Anlass passenden Fragen herausgesucht und bewusst auch die dortige Unterteilung der Fragen nach „Verbindung mit dem Thema", „Verzweiflung", „Hoffnung" und „Aktion" weitestgehend beibehalten. So frage ich beispielsweise: „Etwas, was wir aufhören sollten zu tun …" (Verzweiflung), „Eine große Chance, die ich für uns sehe, ist …" (Hoffnung), „Eine mutige Idee, die ich uns empfehle, ist …" (Hoffnung) und schließlich „… hiermit sollten wir anfangen …" (Aktion).

Die Antworten auf die Fragen sortieren wir am Ende nach Fragen und Personen in einer Matrix. Damit alle auch die Antworten der anderen Teilnehmenden sehen, lesen wir zum Abschluss die Post-its vor und heben wichtige Aussagen in der Runde noch einmal hervor und schließen mit einem Debrief zur Struktur ab. So entsteht mit der **Mad Tea Party** innerhalb kürzester Zeit und ohne große Diskussion Einigkeit zu den ersten anstehenden Aufgaben, den Herausforderungen, aber auch den Chancen sowie ein erstes Gruppengefühl.

Auch für die Vermittlung der agilen Grundlagen als Vorbereitung für die Arbeit mit Scrum verwende ich im weiteren Verlauf dieses Kick-offs Liberating Structures.

Ich nutze **1-2-4-All** für die Auseinandersetzung mit dem Agilen Manifest. Hier geht es mir darum, dass jede:r zunächst Zeit hat, das Manifest und seine Werte und Prinzipien für sich zu lesen und Fragen oder Bemerkenswertes zu notieren. Im nächsten Schritt treffen sich dann die Teilnehmenden in Paaren – also „2" im Namen dieser Liberating Structure – für zwei Minuten, um sich über das Notierte auszutauschen. Die Zeit scheint mit einem Wimpern-

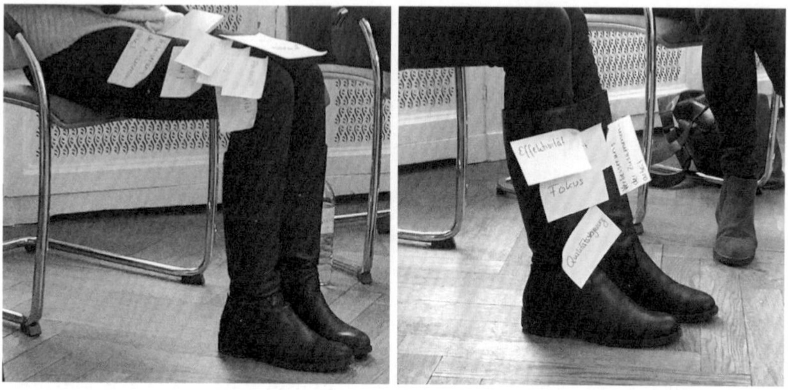

Lustiger Effekt: Reigen tanzen mit Aufschreiben: So sieht das dann in der Realität am Ende der Mad Tea Party aus. Irgendwo mussten die Zettel ja hin.

schlag bereits zu Ende zu sein, da treffen sich nun jeweils zwei Paare („4“), um die wichtigsten Erkenntnisse in vier Minuten zusammenzutragen. Nach diesem „Trichterprinzip“ für Gedanken in großen Gruppen einerseits und zugleich einem Teambuilding-Effekt in Kleingruppen geht es abschließend in die gemeinsamen kurze Diskussion zu den Ergebnissen der Gesamtgruppe.

Bis hierhin ist durch die Liberating Structures in kürzester Zeit also nicht nur viel Wissen zusammengetragen und neues Wissen erarbeitet worden, sondern gleichzeitig wurden die Erkenntnisse und Gedanken jedes und jeder Einzelnen gleichberechtigt Teil des Gesamtergebnisses – und es hat sich ein Gruppengefühl eingestellt.

Mehr brauche ich fast nicht. Ein paar Flipcharts zur Erklärung von Scrum und das sogenannte „Papierschiffchen-Spiel“ später, in dem wir die Art und Weise der zukünftigen Zusammenarbeit simulieren, und der Grundstock für die „andere Arbeit und Tonalität im Team“ ist gelegt, der Kick-off gelungen. Das Ziel, mit einem anderen Tempo und völlig anderer Beteiligungsstruktur (alle gleichberechtigt und auf Augenhöhe) zu starten, ist erreicht. Die Dynamik, dass alle miteinander arbeiten müssen, man sich selbst verpflichtet („commitment“) und mutig für die Veränderung einstehen muss, wurde nicht nur auf der Ebene der Motivation und des Teambuildings, sondern auch durch das erarbeitete Systemverständnis des neuen Teams in seinem Außenverhältnis zu der klassischen Umgebung des Unternehmens hergestellt.

Mit dem Ende des Workshops entlasse ich das Team in ihre neue Arbeitsrealität, bei der unternehmensinterne Coaches das Team begleiten werden. „Jedem Anfang wohnt ein Zauber inne“ … Es ist schön, weil man auf die großen Strukturen von Projekten und Organisationen, wie Ziele, Werte, Roadmap und Teambuilding, Meta-Blicke werfen kann.

Auch dieses Mal habe ich das Gefühl, dass die Liberating Structures den modernen „New-Work-Charakter“ herstellen können: die gleiche Beteiligung aller Teilnehmenden, Spaß, Tempo sowie innovative und umsetzbare Ergebnisse. Das liegt an den klar begrenzten Zeiteinheiten, die für die Strukturen typisch sind, an der strukturell gleichen Beteiligung aller Teilnehmenden und an den spielerischen Elementen, die Kreativität und Spaß fördern.

Zwar mache ich selten Workshops, die nur aus Strings von Liberating Structures bestehen, aber andersherum mache ich auch keine Workshops, die nicht mindestens eine Struktur beinhalten. Wie ich auch in meinem zweiten Praxisbeispiel in diesem Buch schreibe, setze ich Liberating Structures immer wieder gern in meine Workshop-Designs ein, um etwas ganz Bestimmtes zu erreichen, beispielsweise eine bestimmte Dynamik (**Mad Tea Party**), Anonymität bei der Ideenfindung (**25/10 Crowd Sourcing**) oder gleichberechtigte Teilhabe und eine Visualisierung von bereits nutzbaren Netzwerken (**Social Network Webbing**).

Foto: Ralf Bauer

„Liberating Structures sind für mich ein flexibler Baukasten von Methoden für die unterschiedlichsten Situationen, in denen Menschen miteinander arbeiten. Dabei machen sie den Beteiligten Spaß, sind wertschätzend und liefern gute Ergebnisse.“

Ralph Tröger
nutzt Liberating Structures in Workshops und Projektmeetings zur Ideengenerierung, zur Sammlung von Input und zur Konsensfindung, Aufgabenplanung und Priorisierung und für offene und aktive Diskussionen.

Kundenanforderungen sammeln: kurzweilig, effektiv und interaktiv

Es ist wieder mal eines dieser typischen Arbeitsgruppen-Meetings im Rahmen eines unserer internationalen Entwicklungs-Events: Ein großer Raum in einem Konferenzhotel, die Tische steril in U-Form angeordnet, nur wenige der fast dreißig Teilnehmenden beteiligen sich aktiv an der Diskussion. Der Rest versteckt sich hinter Notebooks und übt sich im Multitasking (Notizen machen, E-Mails checken, Coden, …) – ist also garantiert voll und ganz bei der Sache.

Wir stehen am Beginn eines neuen Standardisierungs-Projekts, das gemäß unseres Prozesses immer mit einer Anforderungsanalyse beginnt. Die gesammelten Anforderungen der beteiligten Endanwender:innen und Lösungsanbieter:innen bilden später die Blaupause für die technische Entwicklung. Hierbei ist es sehr wichtig, ein möglichst breites, robustes Bild der Anforderungen zu haben, denn nur auf diesem Weg kommen wir am Ende zu einer Lösung mit guter Marktakzeptanz.

Um ehrlich zu sein, haben mir diese konventionellen Meetings aus verschiedenen Gründen noch nie gefallen. Schon bei mehreren Gelegenheiten habe ich erleben dürfen, wie viel Energie und kreativen Output eine Gruppe unter Einbeziehung aller Beteiligten mit Liberating Structures entfalten kann. Daher habe ich dem Kern-Team der Gruppe in unserem Vorbereitungs-Call genau das vorgeschlagen: *Lasst uns doch in dieser Session Liberating Structures ausprobieren!*

Der Vormittag, der im Wesentlichen aus einer Zusammenfassung des Projekts für Neuankömmlinge sowie der Besprechung diverser organisatorischer Dinge besteht, läuft noch in „klassischer“ Form ab. Kurz vor der Mittagspause kündigt unser Facilitator noch an: „Ralph wird mit euch nachher einen tollen, interaktiven Workshop durchführen. Das wird bestimmt spannend!“ Von den noch am Vormittag teilnehmenden Asiaten kommt nach dem Lunch kein Einziger zurück. Letzteres liegt meines Erachtens daran, dass man mit solchen Ankündigungen bei Menschen aus Kulturen mit Angst vor Gesichtsverlust unnötig Panik auslöst. Daher mein Tipp:

Nicht vorwarnen, sondern einfach machen!

Liberating Structures sind von Natur aus wertschätzend – in Verbindung mit einer guten Moderation kann man das Risiko eines Gesichtsverlusts praktisch aussschließen.

Für unsere Methoden brauchen wir Platz für Interaktion und Bewegung, damit die Liberating Structures funktionieren können. Es ist herausfordernd, den Raum in kurzer Zeit umzugestalten, schließlich wollen wir selbst ja auch noch etwas essen! Aber: Vorbereitung ist alles. Wir sprechen schon im Vorfeld mit dem (sehr hilfsbereiten) Hotelpersonal, das in der Mittagspause die schnöde U-Form aufbricht und den Raum „Liberating Structures-bereit“ macht.

Ich habe mich für eine Abfolge (String) aus drei Methoden entschieden, wobei die zweite nicht aus dem Liberating Structures-Baukasten stammt. Zu Beginn ist das Ziel, möglichst alle Herausforderungen des Workshop-Themas (in unserem konkreten Fall geht es um die Übertragung von Zertifikatsinformationen) zu identifizieren.

Für diesen Zweck habe ich **1-2-4-All** gewählt: Jede:r Teilnehmende macht sich zu der von uns gestellten Frage

> *Welche Herausforderungen siehst du bzgl. des Austauschs von Zertifikatsdaten?*

eine Minute Gedanken, tauscht sich dann zwei Minuten lang mit einer:m anderen Teilnehmenden darüber aus, spiegelt diese Gedanken danach für vier Minuten mit einem anderen Pärchen, bevor anschließend alle ihre Ergebnisse vorbringen. Nach einer guten Viertelstunde haben wir eine konsolidierte Liste von 17 Herausforderungen auf der Metaplanwand stehen!

Diese Herausforderungen gilt es anschließend zu priorisieren. Hierzu entscheide ich mich für eine simple Punktabfrage: alle Teilnehmenden erhalten die gleiche Zahl (bei uns sind es fünf) klebefähige Papierpunkte, die sie neben den Themen aufkleben, die ihnen am wichtigsten erscheinen – auch mehrere Punkte pro Thema sind erlaubt. Auf dieser Basis erhalten wir in weniger als

Verwendete LS

fünf Minuten eine priorisierte Themenliste. Ggf. werden Liberating-Structures-Puristen an dieser Stelle (völlig zurecht!) anmerken, dass es damit zu Verzerrungen kommen kann: Menschen tendieren gerne dazu, sich an ihren Mitmenschen zu orientieren, d.h. Punkte dort zu ergänzen, wo schon ihre Vorgänger:innen geklebt haben. Jedoch gibt es Stand heute keine Liberating Structures, mit der man eine Gewichtung in so kurzer Zeit herbeiführen kann (beispielsweise hätte ich zu diesem Zweck **25/10 Crowd Sourcing** nutzen können, doch hierfür wäre eine halbe Stunde einzuplanen gewesen). Eine Punktabfrage war für unsere Zwecke daher eine pragmatische Lösung.

Die Details der daraus resultierenden wichtigsten Herausforderungen arbeiten wir anschließend in mehreren Runden von **Wise Crowds** heraus – 15-minütige, strukturierte Beratungsgespräche, in der ein:e „Klient:in" Hilfe von einer Gruppe von „Beratenden" erhält. In leichter Abwandlung der ursprünglichen Methode bilden wir einen Kreis mit sechs Stühlen: einen für den Klienten (der für eine Herausforderung um Hilfe bittet), vier für die Beratenden (die Empfehlungen entwickeln) sowie einen Sitz für einen „Springer" (was es jedem der Teilnehmenden erlaubt, neues Mitglied des Beratungsteams zu werden). Durch diese Variante entwickelt sich eine tolle Dynamik: da wir die Regel aufgestellt haben, dass einer der Berater-Plätze immer frei bleiben muss, erhält das wechselnde Beratungsteams von „extern" mehrmals neue Impulse mit zusätzlichen Fragen bzw. Ratschlägen. Wir schaffen insgesamt drei Durchgänge. Am Ende haben wir mit einem geschärften, gemeinschaftlichen Verständnis der Herausforderungen und der daraus resultierenden Anforderungen eine tolle Basis für die weitere Arbeit!

Nach der Verabschiedung der Anwesenden denke ich: Was für ein Unterschied zu den bisherigen Arbeitstreffen! Alle eingebunden, alle fokussiert auf das Meeting, kein Multitasking, effektiv, dynamisch. Rückblickend würde ich die Vorteile der Einbindung von Liberating Structures in unseren Workshop wie folgt zusammenfassen:

- klar formulierter Input für die sich anschließende Projektphase – was uns im Vergleich zu vergleichbaren Projekten, wo es mitunter zu häufigen Nachfragen kam, ein höheres Maß an Klarheit gebracht hat,
- konkrete Ergebnisse – in unserem Fall konsolidierte und priorisierte Herausforderungen, klar umrissene Anforderungen, erste Lösungsansätze – in kurzer Zeit,
- besseres Verständnis der Anforderungen, die von anderen Gruppenmitgliedern eingebracht wurden.

Und für mich persönlich das Beste: Nach dem Workshop kommen mehrere Beteiligte auf mich zu und sagen mir, wie begeistert sie von diesem Format waren, weil wir u.a. ein relativ trockenes Thema so kurzweilig und effektiv bearbeiten konnten – und dass wir das doch gern beim nächsten Mal wieder machen sollen. Etwas, was ich so noch nie erlebt habe. Wenn das keine Motivation und Bestätigung für den vermehrten Einsatz von Liberating Structures ist!

> ***Liberating Structures sind für mich eine einfache und zugleich wirkungsvolle Möglichkeit, Workshop-Atmosphäre und Energie in die alltägliche Meetingwelt zu bringen.***

Sonja Hanau
setzt Liberating Structures ein bei täglichen Meetings im Konzern.

Identifikation als Schlüssel zum Erfolg

Es ist die stressige Phase des Jahres. Die Kalender sind voll, das Wetter ist schlecht. Und dann landet ein Projekt auf unserem Schreibtisch, mit dem wir alle so gar nichts anfangen können. Ein Ziel, das wir nicht verstehen. Zeit, die zu knapp ist. Und viele Menschen, die eigentlich alle verplant sind.

Genauso wie es sich am Anfang angefühlt hat, läuft es dann auch. Die Meetings sind zäh. Zusagen werden nicht eingehalten. Es ist nervig und anstrengend, für alle.

Bei Gesprächen auf dem Flur und zwischendrin zeigt sich mal mehr, mal weniger deutlich, dass jede:r irgendwie eine andere Vorstellung davon hat, was wir eigentlich erreichen wollen (oder sollen). Was es überhaupt bedeutet, das Projekt erfolgreich abzuschließen. Und weil das unklar war, ist auch unklar, welchen Beitrag jeder und jede Einzelne zum Erfolg liefern kann. Es gibt einfach keine Identifikation mit dem Projekt und vor allem dem anzustrebenden Ergebnis.

Die ganze Situation ist unbefriedigend und schwer greifbar. Die Stimmung ausbaufähig. Und gleichzeitig zeigt sich in den ganzen Gesprächen, dass irgendwie doch alle gerne wollten, dass es gut wird.

Stellt sich nur die Frage: Wie schaffen wir das? Wie schaffen wir es, das Projekt auf Kurs zu bringen, einen Kurs, hinter dem alle stehen und sich einbringen wollen – mit den begrenzten Ressourcen, die zur Verfügung stehen?

Die begrenzten Ressourcen verhindern auch, dass wir uns mehrere Tage irgendwo einschließen und mit allen einen Masterplan ausarbeiten. Wir müssen eine Lösung im Regelbetrieb finden.

Verwendete LS

1-2-4-All

Bei der Überlegung, was wir brauchen könnten, fällt mir die hohe Übereinstimmung mit vielen Liberating Structures-Prinzipien auf: alle einbeziehen, Vertrauen aufbauen, während wir arbeiten, lernen durch Scheitern, Ausprobieren und vielleicht das Wichtigste: niemals ohne klares Ziel zu beginnen.

Und dann machen wir 1-2-4-All.

In meiner Erfahrung ist 1-2-4-All eine der wirkungsvollsten Methoden, aber eben auch eine mit einem sehr strikten Rahmen. Erst denkt jeder eine Minute für sich über eine Frage nach, anschließend tauscht man sich zu zweit für 2 Minuten darüber aus und anschließend zu viert für 4 Minuten. Die Quintessenz wird dann in der großen Runde geteilt.

Vier Fragen haben wir uns im Vorfeld für die Runden 1-2-4-All überlegt – mit der festen Überzeugung, dass die Antworten auf diese Fragen uns deutlich nach vorne bringen:

- *Was sollten wir im Projekt erreichen, damit du es als erfolgreich bezeichnen würdest?*
- *Was hält uns davon ab, das zu erreichen?*
- *Was sollten wir als nächstes tun, damit das Projekt erfolgreich wird?*
- *Was kannst du persönlich zum Projekterfolg beitragen?*

In der Vergangenheit waren viele unserer Meetings oftmals nur freie Diskussion. Die strikten Vorgaben, die 1-2-4-All mitbringt, sind für viele ungewohnt. Mit dem einfachen Satz „Wir können viel gewinnen, haben aber wenig zu verlieren“ lassen sich alle darauf ein.

Im nächsten Projekt-Jour fixe nutzen wir dann vier Runden 1-2-4-All, um auf all die Fragen Antworten zu erarbeiten. Für jede Frage eine Runde. Das Ergebnis: Wir finden tatsächlich eine Lösung, einen Weg, an den alle glauben. Und ganz nebenbei träge diese eine Stunde dazu bei, dass wir als Team viel näher zusammenrücken. Weil sich jede:r einbringt, weil wir uns zuhören und in vielen, schnellen Interaktionen unsere Ideen und Vorstellungen vereinen. Eine Stunde, die einen großen Unterschied macht.

Bisher war 1-2-4-All immer gut investierte Zeit und Energie, egal ob in einem Raum oder remote. Gleichzeitig durfte ich erfahren, dass die Qualität des Ergebnisses oftmals in direktem Zusammenhang mit der Qualität der gestellten Frage steht. **Keine Allgemeinplätze, sondern möglichst konkret und persönlich. Kein man, mindestens wir, am besten sogar du.**

Ich stelle immer wieder fest: Es muss jemanden geben, der den Mut hat, einen Rahmen zu geben. Durch diesen Rahmen nimmt man den anderen nichts weg. Im Gegenteil, man ermöglicht, dass sie sich voll auf den Inhalt konzentrieren und damit tolle Ergebnisse entstehen können. Dieser Rahmen muss nicht komplex oder schwierig sein, wie dieses Beispiel zeigt. Und Liberating Structures sind ein wundervoller Weg, eben diese Rahmen zu schaffen.

> ***„Für mich sind Liberating Structures Dehnübungen für neue Denk- und Handlungsmuster und eine Einladung zu echter Entwicklung."***

Kathrin Mussmann
setzt Liberating Structures ein, um Steuerung in der Moderation zu minimieren und Hippo-Effekte zu vermeiden.

Ja, nein, werde ich versuchen oder habe ich nicht verstanden?

Mein Blick wandert durch den Kalender der kommenden Woche. Für die Einladung zu einem der regelmäßigen, öffentlichen Themenabende der Genossenschaft, in die ich kurz zuvor eingetreten bin, steht meine Antwort noch aus. Das Thema klingt spannend: „Wie kommunizieren wir im agilen Umfeld?" Ich sage zu.

Kurz darauf klingelt das Telefon und ein Vorstandsvertreter der Genossenschaft fragt mich, ob ich den Abend moderieren mag. Ich sage spontan zu.

Im Vorgespräch wird mir klar, dass die Erwartungen an das anstehende Kommunikationsprojekt sehr von der Perspektive der einladenden Personen geprägt ist. Ich nehme einen gewisser Drang nach Steuerung wahr. Es scheint, als gäbe es eine Hidden Agenda, die im Vorfeld unausgesprochen bleibt. Und in mir keimt die Befürchtung, dass die Bedürfnisse anderer Interessengruppen vernachlässigt werden. Meiner Erfahrung nach führt dies dazu, dass kein echter Austausch stattfindet und somit die Potenziale im Raum ungenutzt bleiben.

Verwendete LS

Impromptu Networking | What I Need From You | What, So What, Now What?

Verantwortung teilen

Nach dem Telefonat muss ich daran denken, dass in mir der Impuls zum Steuern eines Prozesses häufig durch das Gefühl einer (nicht verteilten) Verantwortung genährt wird. Und so frage ich mich, wie ich jene Beteiligte, die in diesem Fall die Verantwortung sehr zu spüren scheinen, an dem Abend möglichst entlasten kann. Kurz zuvor habe ich Liberating Structures ein paar Mal bei der Kölner User Group erlebt. Daher lese ich mich durch das Liberating Structures-Menü und hoffe, eine Struktur zu finden, mit der die Gruppe alle Perspektiven einbeziehen kann. Ein beschriebener Ablauf klingt für mich besonders stimmig und schlüssig: Die Mikrostruktur **WINFY** (**What I Need From You**) soll durch eine klare Formulierung dessen, was verschiedene Gruppen für das Erreichen eines gemeinsamen Ziels von anderen Beteiligten brauchen, eine gute Koordination in der Zusammenarbeit ermöglichen. *Essenzielle Bedürfnisse über Funktionen hinweg ans Tageslicht bringen und Wünsche nach Unterstützung ablehnen oder annehmen,* heißt es dort in dem einen Satz, der die Struktur beschreibt. Und so entscheide ich mich, das **WINFY** in den Mittelpunkt des Abends zu stellen.

Bei der Vorbereitung wird deutlich, dass es für diese Mikrostruktur etwas braucht, das eine vertrauensvolle Atmosphäre herzustellen vermag. Daher plane ich, mit einem **Impromptu Networking** einzusteigen. Und für das Ende der Veranstaltung möchte ich zu einem abschließenden **W3** (**What, So What, Now What?**) einladen, um die Ergebnisse aus dem **WINFY** zu betrachten, zu interpretieren und daraus nächste Schritte abzuleiten. Diese beiden Mikrostrukturen kenne ich bereits von den User Group Treffen. Sie geben mir für die Vorbereitung des ersten Workshops, den ich mit Liberating Structures plane, ein gutes und sicheres Gefühl.

Raum für die Doppelrolle

Am Abend der Veranstaltung selbst bin ich dann einfach sehr neugierig, wie die rund 20 Anwesenden auf die Liberating Structures reagieren werden und was sie ermöglichen können. Außerdem bin ich gespannt, inwieweit es mir selbst gelingen kann, die Doppelrolle als Moderatorin und als aktives Mitglied der Genossenschaft auszufüllen.

Zu Beginn teile ich den Anwesenden mit, dass ich mir für den Abend drei Mikrostrukturen vorstellen könnte (**Impromptu Networking, WINF, W3**) und lade die Gruppe bewusst ein, mithilfe von Liberating Structures die Verantwortung für den Abend und die Ergebnisse als Gruppe untereinander zu verteilen. Dies scheint so neu und spannend zu sein, dass sich die Gruppe gern darauf einlässt.

Wir steigen also zunächst mit **Impromptu Networking** ein. In drei Runden zu je 4 Minuten tuen wir uns mit einer anderen Person zusammen und beantworten die Frage:

> *Welche Herausforderung bringst du zu diesem Treffen? Was erhoffst du dir von dieser Gruppe und was möchtest du der Gruppe geben?*

Es entsteht direkt diese positive, aktive und verbindende Energie, wie ich sie von den User Group-Abenden kenne. Ich fühle mich bestätigt und bereit für das **What I need From You (WINFY)**.

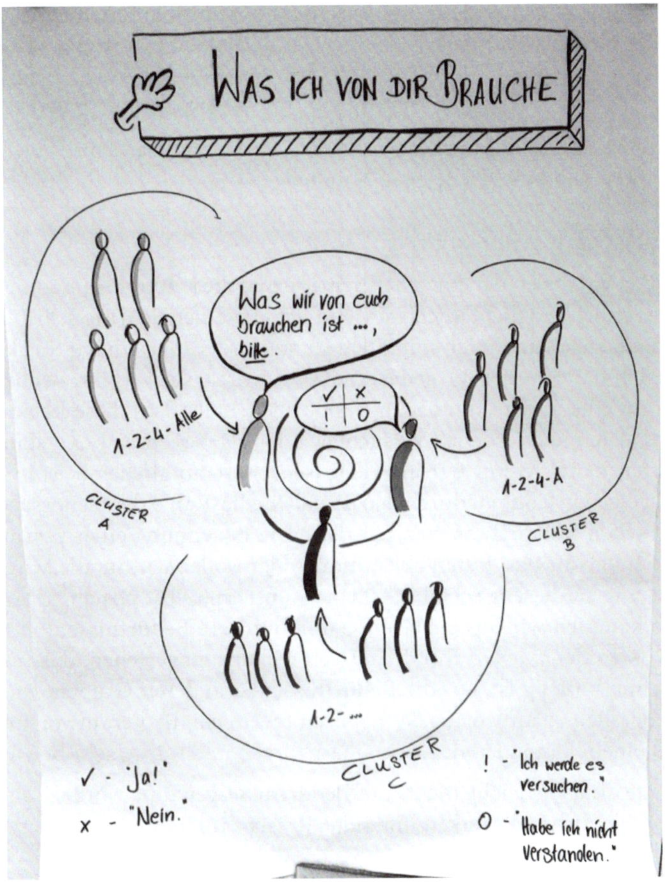

Für diese Struktur habe ich ein Flipchart vorbereitet. Inspiration und Beispiele für solche Visualisierungen fand ich auf der Kommunikationsplattform Slack in der lebhaften Liberating Structures Community. Anhand dieses Flipcharts stelle ich also kurz vor, was das **WINFY** ermöglichen kann. Und ich muss zugeben, dass ich dies zu diesem Zeitpunkt natürlich nicht aus eigener Erfahrung heraus tue, sondern weil ich voller Vertrauen auf die Beschreibungen auf der Webseite zurückgreife.

Dann erläutere ich konkret die einzelnen Schritte: Unterschiedliche Interessensgruppen formulieren zunächst in Kleingruppen mithilfe von **1-2-4-All** ihre Bedürfnisse an die anderen Gruppen. Danach kommt man zusammen und trägt diese den Gruppen vor, von denen man Unterstützung dafür benötigt. Danach geht man wieder in seine Gruppe und bespricht, wie die Kleingruppe auf die Bedürfnisse, die eine der anderen Interessengruppen an sie gerichtet haben, antwortet. Und dann kommt der Kniff: Es gibt nur ein begrenztes Set von Antworten: „Ja“, „Nein“, „Werde ich versuchen“ oder „Habe ich nicht verstanden“. Im Anschluss kommt man erneut zusammen und trägt die Antwort vor.

Diese Aussicht scheint alle Anwesenden direkt anzusprechen, sodass wir kurzerhand verschiedene Interessengruppen identifizieren und uns diesen zugeordnen: Vertreter:innen des Vorstands, Genossenschaftsmitglieder sowie Kund:innen und potenzielle neue Mitglieder.

Konkret ist ganz schön knifflig

Durch das Vorstellen der einzelnen Schritte und die konkrete Einladung ist es mir tatsächlich möglich, mich während der einzelnen Schritte selbst inhaltlich einzubringen und mich somit den Herausforderungen dieser Struktur zu stellen. Ich hätte vorher nie gedacht, dass es mir so schwerfällt, Bedürfnisse so klar an eine andere Interessengruppe zu richten, dass diese konstruktiv mit „Ja“, „Nein“, „Werde ich versuchen“ oder „Habe ich nicht verstanden?“ antworten kann. Wenn wir als Genossenschaftsmitglieder beispielsweise unseren eigenen Content durch den Social-Media-Kanal der Genossenschaft verteilt sehen wollen, brauchen wir dann die Benennung einer verantwortlichen Person, die das Posten übernimmt, oder wollen wir für alle Mitglieder den Zugang zu diesem Social Media Account, um selbst posten zu können? Und so kämpfen wir uns als Gruppe durch unsere Bedürfnisse und tragen diese vor. In der zweiten Runde müssen wir uns eingestehen, dass es auch ganz schön knifflig ist, auf die Bedürfnisse der anderen Gruppen stimmig und verlässlich zu antworten. Wir spüren regelrecht die Verantwortung, die wir mit einem klaren Ja oder Nein übernehmen und wägen sehr bewusst ab.

Am Ende sind vielleicht nicht alle Bedürfnisse genannt worden, aber die gegenseitige Aufmerksamkeit und hohe Präsenz im Raum ist fast körperlich zu spüren.

Nach dem erfolgreichen Durchlauf des **WINFY** lade ich dann noch zu einer inhaltlichen Nachbesprechung mithilfe von **What, So What, Now What? (W3)** ein. Wir beantworten gemeinsam die drei aufeinanderfolgenden Fragen:

- **What** – *Was ist passiert? Was ist euch aufgefallen, welche Beobachtungen habt ihr gemacht?*
- **So What** – *Warum ist das relevant? Welche Muster oder Schlussfolgerungen ergeben sich daraus? Welche Hypothesen könnt ihr aufstellen?*
- **Now What?** – *Was jetzt? Welche nächsten Schritte ergeben Sinn?“*

Auf diese Weise identifizieren wir beispielsweise, dass wir als Genossenschaft untereinander auf Augenhöhe und selbstorganisiert agieren möchten und jedem Mitglied die Möglichkeit bieten werden, ihren Content selbst über den Genossenschafts-Account zu posten. Der Erwartung, dass der ehrenamtliche Vorstand eine Art Kontrollfunktion übernimmt, erteilen wir eine Absage. Dafür soll jedoch ein Schwarzes Brett für Neuigkeiten entstehen, das unterschiedliche Aktivitäten der Mitglieder abbildet. Auch sollen minimale Anforderungen an die Protokollierung interner Veranstaltungen erarbeitet werden, um eine unaufwendige „Simultanprotokoll" zu ermöglichen und Aufwände zu reduzieren. Die Fülle und Qualität der Ergebnisse, die wir am Ende sichtbar gemacht haben, löst eine tolle, motivierte Energie im Raum aus und können direkt genutzt werden.

Vertrauen können

In dem **What, So What, Now What?** wird auch benannt, was wir durch den Prozess gelernt haben, den wir an dem Abend durchlaufen habe. Wir haben unterschiedliche Perspektiven und Bedürfnisse sichtbar gemacht und uns darin geübt, uns gegenseitig zuzuhören, wahrzunehmen und wertzuschätzen. Und als ich ein Kompliment für die Moderation bekomme, erzähle ich, wie sehr ich mich auf die Beschreibung der Mikrostrukuren verlassen habe und bestärke alle, insbesondere jene ohne große Moderationserfahrung, auf die Kraft von Liberating Structures zu vertrauen und es einfach mal auszuprobieren.

6.

Zusammen planen und Strategien entwickeln

Wie kann Planung und Strategiearbeit stärker in die täglichen Abläufe integriert und so auf gemeinsames, zukunftsgerichtetes Handeln ausgelegt werden?

Mit Plänen richten wir unser gemeinsames unternehmerisches Handeln in Organisationen aus. Wir planen zum Beispiel, welche Auftragszahlen plausibel sind und wie viele Mitarbeitende wir benötigen, um diese zu bearbeiten. Wir überlegen uns Strategien, um diese Auftragszahlen zu erreichen und bauen Strukturen auf, die diese unterstützen. Pläne und Strategien sind Leitplanken, die uns helfen (sollen), unsere tägliche Arbeit auszurichten.

Häufig ist Planung und Strategieentwicklung noch ausschließliche Führungsaufgabe. Diejenigen, die die Pläne erfüllen sollen, werden nicht eingebunden bei der Entwicklung der Zielstellungen. Und auch Strategieentwicklung – also das Finden kreativer Antworten darauf, wie die Zielsetzung möglichst effektiv und effizient erreicht werden kann –, ist etwas für Führungszirkel und externe Berater:innen.

Gehen die so entwickelten Vorgaben an der Arbeitswirklichkeit der Beteiligten vorbei, kommt eine Dynamik in Gang, in der sich Führungskreise für ihre Vorgaben rechtfertigen müssen. Das hat manchmal eine Abkopplung derjenigen in Führung von denjenigen, die die Arbeit erledigen, zur Folge: Wir kommentieren als Nicht-Führungskräfte sarkastisch die neuen Hypes, die uns agiler, schlagkräftiger und kostensparender machen sollen. Alles, was als nicht hilfreich empfunden wird, verschwindet in der Schublade und wird erst zum nächsten Mitarbeitergespräch wieder hervorgeholt. Da das Ganze so mühsam und konfliktreich ist, verwundert es nicht, dass wir uns nur selten mit Planung und Strategieentwicklung befassen und nur ungern regelmäßig mit der Wirklichkeit abgleichen. Ohne zielgerichtete Strategie und belastbare Planung sind wir aber weniger schlagkräftig, arbeiten am Markt vorbei und haben Reibungsverluste in unserer Organisation.

Für Henri Lipmanowicz, der jahrelang in Führungspositionen in der Pharmabranche arbeitete, war diese Energieverschwendung die Hauptmotivation für das Zusammenstellen des Repertoires der Liberating Structures. Denn vielen Führungsteams fehlt das Erleben, dass Planung und Strategieentwicklung besser gelingen und nachhaltiger gelebt werden, wenn viele Perspektiven und Arbeitswirklichkeiten eingebunden sind und die Erfahrung, dass sich das auch viel müheloser organisieren lässt. Mit Liberating Structures ist es möglich, alle bei der Planung des nächsten Schrittes einzubeziehen – mit besseren Ergebnissen als alles, was auf herkömmliche Weise entwickelt wurde, und auf eine viel angenehmere Weise.

In den Geschichten dieses Kapitels erfahrt ihr, wie Liberating Structures euch dabei unterstützen, aus mühsamen Strategie- und Planungsprozessen auszubrechen. Ihr lernt Strukturen kennen, die jeder/jedem Einzelnen ein Stimme geben und eine Arbeitsatmosphäre schaffen, in der an die Stelle des „Ja, aber“ das „Ja, und“ tritt. Kleine und einfache Interventionen wie kurze Zeitspannen für den Austausch untereinander oder die Tatsache, dass jede:r an denselben Schritten beteiligt ist, helfen euch dabei. Ihr lest, wie ihr es schafft, einen gemeinsamen Überblick über Projekte zu erhalten, um die Planung zu erleichtern, konkurrierende Anforderungen zu berücksichtigen und wie hilfreich Liberating Structures im Zusammenspiel mit anderen strategischen Frameworks sind.

Indem ihr Liberating Structures zur gemeinsamen Planung und Strategieentwicklung nutzt, füllt ihr das LS-Prinzip „Praktiziert ehrlichen Respekt für die Beteiligten und ihre Lösungen vor Ort“ mit Leben.

Mit den Strukturen gelingt es euch leicht und effektiv, diejenigen zu involvieren, die in den Abläufen, um die es geht, auch tatsächlich selbst arbeiten. Sie helfen euch dabei, dem Drang, das Ergebnis zu kontrollieren oder beeinflussen zu wollen, zu widerstehen. Die entwickelten Lösungen werden euer Vertrauen in die kollektive Expertise und den Einfallsreichtum der direkt Beteiligten bei der Lösung komplexer Probleme stärken.

Statt „Best Practices“ oder externe Patentrezepte auf euren Kontext aufzupfropfen und euch abzumühen, den Widerstand mit Roll-out-Konzepten, Buy-in-Workshops oder Trainings zu brechen, vertraut ihr immer mehr in die Lösungskompetenz der direkt Beteiligten.

"*Liberating Structures sind ein Glücksfall für meine Arbeit! Sie bringen Menschen sofort auf Augenhöhe, schaffen Vertrauen und Dynamik und bringen die Verantwortung für die Lösung dorthin, wo sie stattfinden muss – beim Klienten.*"

Henriette Wienges
setzt Liberating Structures ein, um von Beginn an andere Dynamiken zu setzen: ein anderes Tempo, Augenhöhe, gleiche Beteiligung, mehr Innovation, Motivation und Spaß.

Liberating Structures – nicht nur befreiend, sondern vor allem strukturierend

Es ist Donnerstagabend, ich sitze mit meinem Mann auf dem Sofa, die Kinder sind in ihren Zimmern, der Tag kommt zur Ruhe – das denke ich zumindest. Da erzählt mir mein Mann, dass heute die Moderatorin für den lange geplanten Workshop am Dienstag abgesprungen ist, weil sie sich der Aufgabe doch nicht gewachsen fühlt. Es soll thematisch schlussendlich um nichts Geringeres gehen, als bessere Entwicklungspolitik für die Menschen in armen Ländern zu machen. Dafür wollen die Teilnehmenden den Multilateralismus neu denken. Das Thema lautet entsprechend:

> *Wie sähe das Ideal einer multilateralen Zusammenarbeit der Nationen in der Entwicklungszusammenarbeit aus?*

Der Wunsch ist, dass das Thema „einmal ganz anders angegangen wird, nämlich kreativ, innovativ, kooperativ und agil". Warum? Der Blick auf das große Ganze soll die tägliche Entwicklungsberatung der Ministerien und Entwicklungsländer relevant, ausgerichteter und wirksamer machen. Der Workshop ist der Kick-off, mit dem das Thema in einem längeren Prozess bearbeitet werden soll.

Da mir auf Anhieb viele Ideen für den Workshop einfallen, fragt mein Mann mich spontan, ob ich diese nicht gleich am Freitagmorgen den Workshop-Organisator:innen vorstellen könne, es bräuchte ja nun sehr kurzfristig eine neue Moderatorin. Die Methoden flitzen nur so durch meinen Kopf, ich stelle mir die Menschen vor, die besondere Kultur der Organisation und umreiße für mich das Thema. Eine mögliche Agenda formt sich vor meinem inneren Auge. Kaum erhalte ich die Zusage, stehe ich auch schon in einem großen Raum in einem Coworking Space. Um mich herum moderne Sichtbetonwände, gelbe Steckdosenwürfel hängen von der Decke, es gibt angesagte Bio-Limos. Das Workshop-Thema hat quer durch die unterschiedlichen Fachbereiche und Hierarchieebenen das Interesse geweckt. 30 Teilnehmende haben sich angemeldet. Der Raum und die willkommene Unterbrechung des Alltags entfalten ihre Wirkung, und so macht sich unter den Teilnehmenden eine zugleich neugierige und erwartungsfrohe Stimmung breit. Menschen unterhalten sich querbeet durch die Organisationsstrukturen, vernetzen oder freuen sich, dass sie alte Bekannte nach langer Zeit einmal wieder treffen.

Die Zeit, um ein so komplexes Thema ganzheitlich und wirklich „neu zu denken", in Kombination mit meinem Ehrgeiz, viel geben und viel erreichen zu wollen, ist knapp bemessen. Daher benötige ich Methoden, die drei Dinge leisten können:

1. das hohe Fachwissen aller in der Gruppe nutzen,
2. die Vielfalt der Teilnehmenden bewusst einbinden und
3. durch Andersartigkeit und Dynamik, die in der täglichen Arbeit der Teilnehmenden vorherrschende Arbeitsweise durchbrechen und ein „Neudenken" ermöglichen.

Liberating Structures bieten genau dies: Tiefgang mit Innovation, Augenhöhe, gleiche Beteiligung, Spaß und Tempo. Liberating Structures im Verlauf des Workshops, aber vor allem auch als Einstiegsmethode zu nutzen, ist damit gesetzt.

Eine gute Methode, um gleich zu Beginn viele Menschen miteinander ins Gespräch zu bringen, ein Teamgefühl zu schaffen und bereits in die inhaltliche Arbeit einzusteigen, ist **1-2-4-All**. Bei dieser Methode wird eine Fragestellung zunächst für eine Minute von einer Person für sich allein bearbeitet (1), dann tauschen sich zwei zufällig gruppierte Teilnehmende zu der Frage zwei Minuten lang aus (2), worauf sich ein anderes Paar gesucht wird, mit dem die wesentlichen Erkenntnisse zur Frage für vier weitere Minuten diskutiert werden (4). Am Ende kommen alle im Plenum zusammen und tragen die wichtigsten Ergebnisse vor (All). Durch die gleiche Beteiligung und das sehr schnelle Timeboxing ist von Beginn an die Dynamik anders gesetzt, ein „Muster der Beteiligung" eingeführt und deutlich Bewegung in den Raum gekommen. Das straffe Timeboxing schafft zudem Fokus und bewahrt uns vor unseren gelernten Filtern, sodass stattdessen unsere Kreativität und Intuition zum Zuge kommen können. So ist aus 30 Teilnehmenden nach 12 Minuten bereits eine Gruppe geworden und erste Antworten auf die Frage, welche notwendigen und dringlichen Aufgaben der „Multilateralismus" lösen muss, sind schnell

Verwendete LS

1-2-4-All

25/10 Crowd Sourcing

und priorisiert zusammengetragen. Und viel mehr noch: Die vielfältigen Gesichtspunkte, Perspektiven und Einschätzungen zum Multilateralismus sind in einem ersten Überblick transparent gemacht worden – mit 30 Leuten in nur 12 Minuten.

Ich kombiniere gern die Liberating Structures mit anderen Methoden, wobei ich am liebsten den Anfang und das Ende mit den Strukturen gestalte. Sie bringen einen Workshop gleich zu Beginn so schön auf Trab und leiten am Ende, beispielsweise mit der Struktur **What, So what, Now what?** oder **25/10 Crowd Sourcing**, so wunderbar in die konkrete Umsetzung über. Aber dazu gleich mehr. In meinem Workshop waren die Liberating Structures jedenfalls ein starkes Instrument, um von dem „Ja, aber" der Expertendiskussionen hin zum „Ja, und" kreativer Prozesse zu kommen.

Als Unterbau des gesamten Workshops nutze ich übrigens die „Theory U" von Otto Scharmer. Sie beschreibt die „Reise", die wir machen müssen, um die Lücke zwischen dem jetzigen Zustand und einem zukünftigen Zustand zu überwinden. In seiner Theory U definiert Scharmer dafür sieben Phasen, die mit dem sogenannten „Herunterladen" (download) der alten Muster beginnen, gefolgt vom „Sehen" (seeing) mit frischen Augen, dem „Spüren/Wahrnehmen" (sensing) des Themenfeldes, dem „Präsentsein" (presencing) im Hier und Jetzt, auch als „Verbinden mit der Quelle" bezeichnet, dem „Herauskristallisieren" (crystallizing) neuer Visionen und Intentionen, dem ersten Entwurf des „Neuen" (prototyping) und schließlich dem „Performing", also dem Umsetzen und Durchführen des Neuentstandenen enden. Ich habe den Workshop so konzipiert, dass wir Schritt für Schritt mit passenden Methoden die sieben Phasen der Theory U durchlaufen werden, um die Lücke zwischen dem jetzigen und zukünftigen Zustand zu überwinden und systematisch neue Visionen und Intentionen herauszukristallisieren.

Das Warm-up mit **1-2-4-All** ist dabei bereits der Einstieg in die erste Phase der Theory U, der sogenannte Download von Wissen. Der gewählte Einstieg ist mir für diesen Workshop besonders wichtig, um das geballte Expertenwissen im Raum zur Grundlage dieses kreativen Workshops zu machen. Die Liberating Structure **1-2-4-All** ergänze und verbinde ich dafür mit der Eisenhower-Matrix, in die die Ergebnisse aus dem **1-2-4-All** einsortiert werden.

Die weiteren Phasen der Theory U durchlaufen die Teilnehmenden methodisch: mit den „Logical Levels" aus dem Coaching-Bereich für die Phase des „seeing", einer Farbmethode für die Phase des „sensing", dem Schauen eines Films zu den wichtigsten Reden der Menschheit beim „presencing". Mittels der Fragen nach Trends und Treibern sowie nach Barrieren, Disruptoren und Schlüsselfaktoren von kommenden Entwicklungen wird die Phase des „crystallizing" bearbeitet.

Als die Teilnehmenden alle Phasen durchlaufen haben und die nächste Pause wirklich notwendig wird, nehme ich wahr, dass es den Teilnehmenden nach dieser intensiven Arbeit nicht reichen wird, mit einem vergleichsweise offenen Ende aus dem Workhop zu gehen – quasi mit einem etwas mehr als halb-

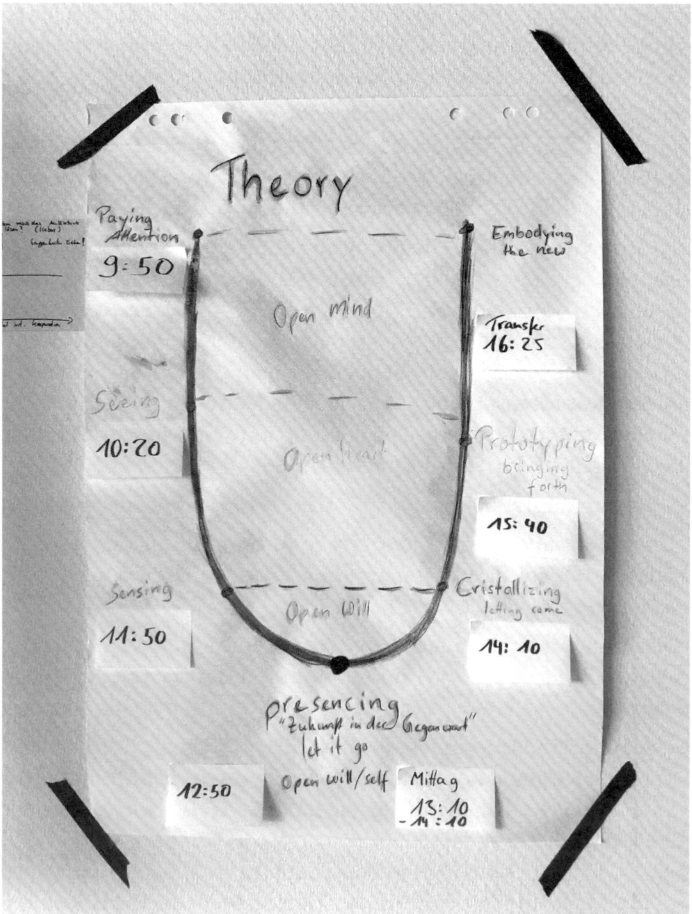

fertigen U. Vereinbart war, die Entwicklung eines „Prototypen des idealen multilateralen Systems" erst im Nachgang des Workshops in zu gründenden Arbeitsgruppen zu erarbeiten.

Stattdessen nutze ich die Pause und fange spontan an, einen eigenen Canvas für dieses Thema mit Klebestreifen auf dem Boden zu kreieren. Als die Teilnehmenden aus der Pause zurückkommen, bietet sich ihnen ein neues Bild – der Boden ist zur zentralen Gestaltungsfläche geworden. Ich bitte die Gruppe, aus den vielen Ergebnissen die wichtigsten Punkte in die passenden Felder des Canvas zu kleben. Auf diese Weise funktioniert der Canvas wie ein Trichter für all die vielen wichtigen Inhalte, die mittlerweile zu Hunderten auf Post-its an den Wänden kleben. Was nun vor unser aller Augen Stück für Stück entsteht, ist ein erster „Prototyp" und das Gerüst für den idealen Multilateralismus. Die neue Energie und intensive Arbeit, bei der die Teilnehmenden vor den Flipcharts nachdenken, sogar auf dem Boden sitzen und diskutieren, in welches Feld dieser wichtige Punkt hingehört, zeigt, dass meine Wahrnehmung richtig war. Die Teilnehmenden steigen nochmal richtig in die Arbeit ein, um gemeinsam zu einem Ergebnis zu gelangen.

Am Ende des Workshops möchte ich aus der wertvollen Dynamik heraus noch die Möglichkeit zur Sammlung von konkreten Ideen für die Zukunft bei gleichzeitigem Commitment nutzen. Was wäre da passender, als den Transfer aus dem Workshopraum in die Realität mit dem **25/10 Crowdsourcing** zu versuchen?

Ich lade also erneut zu einer Liberating Structure ein. Da sie bereits die Kurzweiligkeit und Effektivität der Liberating Structures kennengelernt haben, sind sie auch jetzt, am Ende dieses intensiven Workshops, bereit, noch einmal Engagement zu zeigen. Ich betone, dass es bei dem **25/10 Crowdsourcing** wichtig ist, mutige Ideen aufzuschreiben, die man zugleich auch unterstützen würde, und diese Ideen am Ende danach bewertet werden, wie sie uns gefallen und ob wir sie unterstützen würden. Diese Struktur macht sehr viel Spaß und liefert häufig realisierbare Ideen „out of the box".

Meine Frage an die Teilnehmenden für das **25/10 Crowdsourcing** lautet:

> *Welche Ideen habt ihr, um den gerade gemeinsam im Canvas erstellten „Prototypen des idealen Multilateralismus" weiterzuentwickeln und andere dabei mitzunehmen?*

Alle sollen nun „anonym" eine mutige Idee auf eine Moderationskarte schreiben. Sobald alle fertig sind, wird sich dann mit der Karte in der Hand im Raum bewegt.

Immer wenn jemand eine andere Person trifft, werden die Karten zügig und ohne sie zu lesen miteinander getauscht. Bis ich nach einer Minute ein Signal zum Innehalten gebe, haben die Karten auf diese Weise etliche Male den/die Besitzer:in gewechselt, sodass keine:r mehr weiß, von wem die Karte in der Hand ursprünglich geschrieben wurde. Nun bitte ich die Teilnehmenden, die Idee auf der Karte, die sie gerade in der Hand halten, durchzulesen und mit einer Zahl zwischen 1 und 5 auf der Rückseite der Karte zu bewerten. Zur Erinnerung: Es geht darum zu bewerten, wie gut man selbst die Idee findet und ob man sie auch unterstützen würde. Die Zahl „5" bedeutet hohe Unterstützung, die Zahl „1" eine geringe.

Nun geht es in die nächsten 60 Sekunden „Kartentausch". Am Ende werden wieder die Ideen gelesen, ohne vorher – ganz wichtig – auf die Bewertung der Idee auf der Rückseite zu schauen. Und wieder soll die Idee mit einer Zahl zwischen 1 und 5 bewertet werden. Diese Prozedur wird insgesamt fünfmal für je eine Minute wiederholt. Am Ende hat jede Karte fünf Bewertungen auf der Rückseite. Nun werden die Punkte addiert und abgefragt, wer auf 25 Punkte auf der Karte in seiner Hand kommt, wer auf 24, 23, 22 usw. Ich bitte die Teilnehmenden, sich mit der Karte in der Hand gemäß der Reihenfolge ihrer Gesamtbewertung aufzustellen. Die ersten zehn Ideen werden vorgelesen. Am Ende hat die Gruppe ein klares Bild darüber, welche neuen Ideen weiter gefördert werden sollen und eine breite Unterstützung haben.

25/10 Crowdsourcing ist genial. Einerseits weiß keine:r, von wem welche Idee kommt, denn die Ideen werden anonym eingebracht und bewertet. So muss sich beispielsweise kein:e Teilnehmende:r entscheiden, ob er oder sie gegen oder für den Chef stimmt. Die Ideen werden also gleichberechtigt bewertet, unabhängig davon, wer sie ursprünglich hatte. Zugleich werden Ideen, die keine Unterstützung haben, abgewählt. **25/10 Crowdsourcing** benutzt außerdem das Innovation fördernde Timeboxing, also ganz kurze Zeiteinheiten, um Ideen vor unseren individuellen Filter zu bewahren und um der klassischen „Ja, aber"-Reaktion auf Neues und Ungewohntes entgegenzuwirken. Die Schnelligkeit und Bewegung im Raum lassen bewusst für das erste Sammeln von Ideen kein Zweifeln, keine Diskussion und keine Beeinflussung durch die Gruppe zu. Es geht darum, die Ideen erst einmal in den Raum werfen und ein erstes Feedback zu erhalten.

Am besten fasst das Ergebnis des Workshops die Rückmeldung des Abteilungsleiters zusammen, der nur die Dokumentation und die Erzählungen bewerten konnte: „Anhand der Lektüre (der Dokumentation) und der Bilder kann ich jetzt die Rückmeldungen nachvollziehen, die ich bekommen hatte: inspirierend, methodisch extrem ansprechend, identitäts- und sinnstiftend, die Ressourcen der Gruppe nutzend und damit inklusiv. Jetzt bedauere ich umso mehr, nicht dabei gewesen zu sein."

„Für mich sind Liberating Structures Geschenke, die es uns ermöglichen, Zusammenarbeit bewusster und einladender zu gestalten."

Kathrin Mussmann
nutzt Liberating Structures, um Menschen in echten Kontakt miteinander zu bringen, verborgenes Wissen und Ressourcen zu bergen sowie co-kreative Problemlösungen zu fördern.

Mit Liberating Structures Spannungen und Vorbehalte auflösen

Es ist ein sonniger Morgen – einer der ersten warmen und sonnigen des Jahres und somit einer, den man noch zu schätzen weiß. Mich erwarten vor dem großen Bürogebäude meines Auftraggebers knapp 20 lächelnde Gesichter. Es sind Mitarbeitende aus zwei unterschiedlichen Organisationen, die sich heute zum Teil das erste Mal physisch begegnen.

Ich nehme bewusst wahr, wie sich die Menschen einander vorstellen. Denn ich weiß aus den Vorgesprächen, dass etwas Skepsis und ein gewisses Konkurrenzgefühl vorherrschen sollen.

Zum Hintergrund: Die eine Hälfte der Gruppe arbeitet für ein Unternehmen, das von dem Unternehmensverbund der anderen Organisation aufgekauft wurde. Und der Anlass des heutigen Workshops, den ich moderieren werde, ist die Tatsache, dass nach der Übernahme deutlich wurde, wie redundant die Abrechnungssysteme der Organisationen sind. Und so soll in dem entsprechenden Projekt zeitnah eine Entscheidung für bzw. gegen eines der beiden Systeme gefällt werden.

Die beiden Projektteams, die hier heute miteinander arbeiten sollen, bestehen zum größten Teil aus Spezialist:innen für ihr jeweiliges Abrechnungssystem. Das System der anderen Organisation hingegen ist ihnen nicht sonderlich vertraut. Und ja, die von meinem Auftraggeber angekündigten Spannungen und Vorbehalte bezüglich der bevorstehenden Entscheidung scheinen tatsächlich in der Luft zu liegen. Die Grüppchen stehen mit einem gewissen Abstand voreinander. Ich nehme Blicke und Körpersprache wahr, und die latente Anspannung ist für mich in jenem Moment nicht nur spürbar, sondern auch nachvollziehbar. Denn schließlich ist es nicht ungewöhnlich, dass uns Menschen Veränderungen, durch die unsere Expertise und das aufgebaute Expertenwissen in einem bestimmten Bereich zukünftig womöglich nicht mehr benötigt werden, auch ängstigen können.

Wir lassen die Sonne hinter uns und gehen gemeinsam in das Bürogebäude. Mein Auftraggeber, einer der zwei Projektleiter, teilt mir beim Betreten des Gebäudes mit, dass wir den geplanten Meetingraum nicht nutzen können und auf einen anderen Raum ausweichen müssen. Wir laufen als Gruppe vorbei an eifrig telefonierenden Menschen und gelangen zu einem innen liegenden Meetingraum. Und innen liegend bedeutet in diesem Fall tatsächlich, dass rund um diesen Raum das interne Call-Center angeordnet ist. Der Raum liegt wie eine Insel im Meer der Kundengespräche. Normale Fenster gibt es in diesem Meetingraum nicht und Tageslicht fällt nur durch das große Oberlicht ein. Die Sonne muss also tatsächlich draußen bleiben.

Zudem steht der Raum voll mit eingedeckten Tischen und Stühlen. Bei diesem Anblick ist fast körperlich spürbar, wie Menschen, die sich in solch einem Meetingraum aufhalten müssen, deprimiert in ihre Stühle sinken, sich an ihren Kaffeetassen festhalten und hoffen, dass sie möglichst schnell wieder an der frischen Luft sind.

Als Facilitatorin bzw. Workshop-Moderatorin ist es mir ein besonderes Anliegen, von Beginn an einen Raum zu schaffen, der Bewegung und Verbindung untereinander ermöglichen und potenzielle Lagerbildung vermeiden kann. Daher lade ich die Gruppe ein, zunächst gemeinsam den Meetingraum von den meisten Tischen und allen überflüssigen Stühlen zu befreien.

Und während alle anpacken, gehe ich im Kopf noch einmal kurz die geplante Struktur des Tages durch. Für den Vormittag des Workshops habe ich mit der Projektleitung folgende LS-Mikrostrukturen zu einem String zusammengestellt und für die Gruppe vorbereitet:

- **Impromptu Networking,** um schnell Verbindungen und zwischen den Teilnehmenden zu ermöglichen, Erwartungen miteinander zu teilen und Vertrauen aufzubauen;
- **Celebrity Interview,** um der Gruppe die Verbindung mit der Projektleitung, deren Wissen über den Projektstatus und die anstehende Herausforderung zu ermöglichen;
- **1-2-4-All,** um die Bewertungskriterien zu sammeln, die es aus Sicht der Gruppe bei der Entscheidung zu berücksichtigen gilt;
- **Shift and Share,** damit die Spezialist:innen ihre Erfahrungen mit den Systemen teilen und auf Rückfragen eingehen können sowie
- **Conversation Café,** um die Beobachtungen und Erkenntnisse zu sammeln und einzuordnen.

Verwendete LS

Ein Netz aus Verbindungen

Und so lade ich die Teilnehmenden zunächst zu einem **Impromptu Networking** ein. Ich erläutere, dass die Teilnehmenden nun drei Mal nacheinander die Gelegenheit haben werden, sich jeweils 4 Minuten zu zweit auszutauschen – am besten mit Personen, die sie bislang noch nie persönlich gesprochen haben. Meine Gesprächseinladungen für alle drei Runden lautet:

- *Warum bin ich heute hier?*
- *Was erwarte ich von dem Workshop und was kann ich dazu beitragen?*

Aus den Vorgesprächen weiß ich, dass die meisten Teilnehmenden kaum Erfahrungen mit interaktiven Workshop-Formaten haben, und so treffen mich auch direkt zu Beginn ein paar leicht verwunderte bis skeptische Blicke. Diesen begegne ich bewusst mit einem zuversichtlichen und ermutigendem Lächeln, wiederhole noch einmal die Gesprächseinladung und stelle den für jede:n sichtbaren Timer auf 4 Minuten.

Von Runde zu Runde steigt die positive Energie im Raum. Das etwas bedrückende Gefühl, das aufkam, als wir diesen Raum betraten, scheint zu verfliegen. Die Stimmung wird zugewandter und vereinzelt höre ich die Anwesenden lachen. Als sie im Anschluss ein paar Gesprächseindrücke mit der Gruppe teilen, bemerke ich, wie die Blicke zwischen den Menschen durch den Raum wandern.

Es wirkt fast so, als würden sie gemeinsam ein Netz aus den gerade aufgebauten Beziehungen spinnen. Und tatsächlich berichten sie von verbindenden Aspekten und überraschenden Erkenntnissen. Aber auch die Fülle der unterschiedlichen Rollen und Expertisen im Raum wird benannt und als wichtig für den heutigen Workshop bewertet.

Die neugierige und aufgeschlossene Stimmung im Raum, die durch das **Impromptu Networking** entstanden ist, bietet uns nun einen guten Rahmen, um auch inhaltlich tiefer einzusteigen.

Gemeinsames Verständnis für die Zielrichtung

Ich bitte daher die Teilnehmenden nun einen Stuhlkreis zu bilden, in dessen Mitte ich drei Stühle platziere. Und während sich alle setzen, flüstert mein Auftraggeber mir etwas überrascht, aber erfreut zu: „Die haben sich ja ganz vermischt zusammengesetzt. Wie schön!“ Und ich erwidere lächelnd: „Das ist wohl die Kraft der Liberating Structures.“

Für das sich nun anschließende **Celebrity Interview** setze ich mich mit den Projektleitern auf die drei Stühle in der Mitte und stelle kurz den Ablauf der zweiten Mikrostruktur vor.

In den ersten 15 Minuten stelle ich der Projektleitung Fragen zu dem Status des Projekts und frage sie nach ihren Vorstellungen von dem, was es heute von der Gruppe braucht. Das offene Gespräch lässt die Teilnehmenden aufmerksam zuhören. Auch die Verbindungen, die durch das **Impromptu Networking** entstanden ist, scheinen dazu beizutragen, die Energie im Kreis zu bündeln.

Im Anschluss lade ich die Teilnehmenden ein, weitere Fragen an die Projektleitung auf Karten zu sammeln. Im ersten Schritt bitte ich sie, für sich allein Fragen zu formulieren (1 Minute). Diese Fragen sollen sie im zweiten Schritt (2 Minuten) mit einer weiteren Person teilen, gemeinsam besprechen bzw. weitere Fragen generieren. Im nächsten Schritt treffen sich jeweils zwei Pärchen, um sich zu viert über ihre Fragen auszutauschen (4 Minuten).

Auch bei diesem Schritt, einem im **Celebrity Interview** eingebauten **1-2-4-All**, bitte ich die Teilnehmenden, sich mit Personen, die sie noch nicht so gut kennen, zusammenzutun. Dies erzeugt erneut suchende und lächelnde Blicke und einen angeregten Austausch. Am Ende entsteht eine große Vielfalt von spannenden Rückfragen.

In den abschließenden 15 Minuten des **Celebrity Interviews** beantworten die Projektleiter die Fragen aus den Gruppe. Und es ist wirklich bemerkenswert, welch eine Ruhe und Entspannung am Ende der zweiten Mikrostruktur eintritt. Es scheinen alle drängenden Fragen beantwortet zu sein. Die Teilnehmenden sind inhaltlich auf dem aktuellen Stand und ein gemeinsames Verständnis für die Zielrichtung scheint geschaffen. Damit schließen wir das **Celebrity Interview**.

Überblick über die Kriterien

Von diesem gemeinsamen Punkt aus starten wir nach einer kurzen Pause an der frischen Luft mit folgender Frage in die nächste Mikrostruktur:

> *Welche quantitativen und qualitativen Kriterien sind relevant, um den Nutzwert der eingesetzten Systeme beurteilen zu können?*

Dafür durchlaufen die Teilnehmenden ein erneutes **1-2-4-All**. Die Zeit, welche die Teilnehmenden im ersten Schritt für sich allein haben, hat für mich dabei etwas Magisches. Jede:r in diesem Raum nimmt sich einen Moment, um seine/ihre Gedanken zu sammeln und einzubringen. Auch die Zeit zu zweit hat etwas ganz Besonderes, denn es entstehen Inseln der Intimität. Zu zweit zu sein, bedeutet für so viele Menschen, einen sicheren Ort zu haben, um sich zu öffnen. Dies ermöglicht häufig, dass auch introvertierte Personen in der Viererkonstellation ihre Punkte einbringen.

Im letzten Schritt, dem „All", teilen die Kleingruppen ihre Ergebnisse mit allen anderen. Schnell werden konkrete Muster sichtbar. Eine erste Gruppierung der Kriterien, wie zum Beispiel nach Userfreundlichkeit und Anschlussfähigkeit, entsteht fast wie von selbst.

Als wir im Anschluss an die dritte Mikrostruktur, dem **1-2-4-All**, gemeinsam in der Gruppe reflektieren, was diese Liberating Structure ermöglicht hat, stellen einige Beteiligte heraus, wie begeistert sie davon sind, dass solch ein komplettes Bild in so kurzer Zeit entstanden ist. Allerdings war auch eine gewisse „Fear-of-missing-out" (FOMO) spürbar. Eine latente Angst, ob in der

Kürze der Zeit wirklich alle relevanten Kriterien gesammelt werden konnten. Die Gruppe kommt jedoch zu dem Schluss, dass ihr das Ergebnis zunächst als Grundlage für eine weitere Erkundung genügen soll und wir später noch einmal draufschauen.

Wertschätzender Austausch zwischen Expert:innen

Die leichte Anspannung, die ich zu diesem Zeitpunkt spüre, spreche ich konkret an und sage, dass ich es auch für sehr wahrscheinlich halte, dass es bei 20 Personen im Raum auch unterschiedliche Perspektiven auf die gesammelten qualitativen und quantitativen Kriterien gibt. Daher lade ich dazu ein, in der nächsten Mikrostruktur, dem **Shift & Share** die verschiedenen Expertisen und Perspektiven mit der Gruppe zu teilen.

Dazu berichten Einzelpersonen und kleine Teams in vier Slots von 15 Minuten zunächst ihre konkrete Erfahrungen und machen sichtbar, wo der Nutzwert des bei ihnen eingesetzten Systems anhand der gesammelten Kriterien praktisch erlebbar wird. Sie geben auch konkrete Einblicke in das jeweilige System und können auf Rückfragen aus der Gruppe direkt eingehen. Die Anspannung löst sich spürbar und weicht einer positiven Energie. Es ist beachtlich, mit wie viel Engagement und Begeisterung die Teilenden ihr Wissen und ihre Sichtweise einbringen. Besonders bemerkenswert finde ich an dieser Stelle, wie fokussiert die Fragenden ihren Blick auf das richten, was tatsächlich einen konkreten Nutzen hervorbringt oder fördert. Von einer – wie von meinem Auftraggeber im Vorfeld befürchteten – Lagerbildung ist nichts mehr spürbar. Es ist eher ein reger, neugieriger und wertschätzender Austausch zwischen Expert:innen. Gemeinsamkeiten werden sichtbar und Argumente nachvollziehbar.

Ruhe, Aufmerksamkeit und Respekt

Um in einen ruhigen, tieferen Austausch über die neuen Beobachtungen und Erkenntnisse zu der Kriteriensammlung zu kommen und ein gemeinsames Verständnis von der Bedeutung und Relevanz verschiedener Entscheidungskriterien zu vertiefen, bietet sich nun ein **Conversation Café** in Kleingruppen von fünf Personen an. In der ersten Runde hat jede:r nacheinander und ungestört die Möglichkeit, die eigenen Gedanken und Ideen für nötige Ergänzungen und Anpassungen einzubringen. In der zweiten Runde gehen sie (wieder nacheinander und ungestört) auf das in der ersten Runde Gesagte ein. Ein Redestab unterstützt die Gruppen dabei, das Zeitfenster der gerade sprechenden Person zu respektieren und wirklich zuzuhören. Die dritte Runde bietet Zeit für einen offenen Austausch, bevor in der vierten Runde wieder alle nacheinander ihre abschließenden Gedanken teilen. Ich blicke in die Gesichter und nehme viel Ruhe, Aufmerksamkeit und Respekt wahr.

Am Nachmittag entsteht ein Katalog belastbarer Kriterien, der auf all den Erkenntnissen und Perspektiven der Beteiligten aufbaut und gewichtet wird. Er erlaubt der Gruppe, die konkurrierenden Abrechnungssysteme anschließend mittels einer Nutzwert-Analyse (keine Liberating Structure) gemeinsam zu bewerten und somit eine belastbare Grundlage für eine Entscheidung zu erarbeiten, die für alle Beteiligten nachvollziehbar ist. Genauso wertvoll ist aber auch, dass sich über die Organisationsgrenzen hinweg eine echte Verbindung zwischen den Beteiligten aufgebaut hat.

> ***„Liberating Structures sind für uns ein Toolset von Methoden, um alle Beteiligten ins Handeln zu bekommen und Augenhöhe zwischen den Teilnehmenden herzustellen."***

Stefan Dorsch und Roland Pürzer
sind agile Coaches bei einem großen deutschen Elektronikkonzern.

Strategieworkshop mit 1-2-4-All und Regnose – Innovationen aus der Zukunft

Die agile Transition schreitet auch in Zeiten von Corona im Mai 2020 voran. In unserer Rolle als Agile Coaches begleiten wir eine Gruppe von Projektleiter:innen, die ihr Arbeitsmodell auf die veränderten Rahmenbedingungen anpassen wollen. Im Rahmen dieser Coachings bauen wir einen Workshop auf, dessen Ziel ist, das bisherige Modell von Zusammenarbeit und Aufgabenverteilung neu zu strukturieren. Die 12 Teilnehmenden des Workshops betreten den virtuellen Meetingroom mit unterschiedlichen Vorstellungen von der Zukunft ihrer Aufgaben und auch unterschiedlichen Erwartungshaltungen an den Workshop.

Die Herausforderungen bei der Vorbereitung des Workshops stellen sich breit gefächert dar. Online-Workshops sind für einige Teilnehmenden nach einigen Wochen im Homeoffice immer noch ungewohnt. Die Charaktere sind uns bekannt und wir wissen um die Bandbreite vom „Vielredner" bis zum „stillen Mäuschen". Aus vergangenen Workshops kennen wir die Tendenz der Gruppe, in lange Diskussionen abzugleiten. Es gilt also mittels Moderationsmethoden, eine klare Struktur im Workshop zu schaffen, die auch in einer Videokonferenz und Collaboration Tools transparent wird. Sie soll zugleich dafür sorgen, dass alle Teilnehmenden eine etwa gleich große Bühne bekommen.

Unsere Herausforderung besteht darin, den Projektleiter:innen einen möglichst unvoreingenommenen Blick auf die Zukunft zu ermöglichen, der frei von Hindernissen ist. Erst danach kann ein Realitätsabgleich zwischen ihnen stattfinden:

> *Wo sind unsere Gemeinsamkeiten in den Vorstellungen über das künftige Arbeitsmodell, wo sind Gegensätze?*

Um dies zu erreichen, haben wir die Liberating Structure 1-2-4-All mit der Methode „Regnose", die wir aus der Zukunftsforschung kennen, kombiniert, um zu ermöglichen, dass die Diskussion nicht ausufert und das Zukunftsthema Halt bekommt. Die Methode „Regnose“ basiert auf einem Blog-Beitrag des Zukunftsforschers Matthias Horx. (https://www.horx.com/48-die-welt-nach-corona/)

Wir arbeiten einen Prototyp für unsere Struktur aus und testen ihn zum ersten Mal live am „lebenden Subjekt“, mit ziemlich guten Resultaten.

Vorgehensweise

Vor dem eigentlichen Start des Workshops legen wir mit den Teilnehmenden und unserem selbst entwickelten Moderation-Equalizer fest, wie die Facilitation durchzuführen ist. Mithilfe dieses Instruments können die Teilnehmenden entlang verschiedener Kriterien wie Timeboxing, Format und Moderationsstil den Workshop ausgestalten. Eine genauere Beschreibung

Moderation-Equalizer

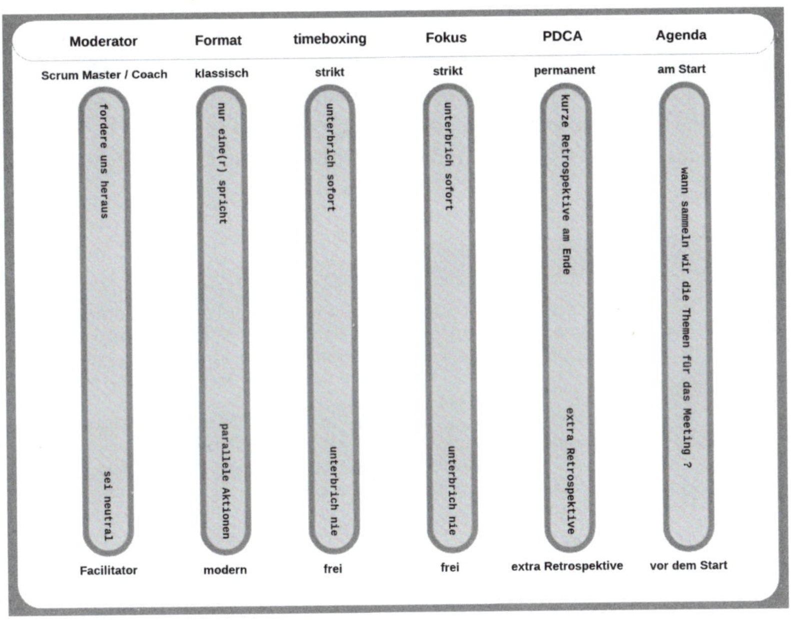

Verwendete LS

1-2-4-All

zum Moderations-Equalizer findet ihr unter: https://www.linkedin.com/pulse/moderation-equalizer-helps-facilitator-tune-team-stefan-dorsch/.

Die Gruppe erhält durch Regnose eine Möglichkeit, zukünftige Innovationspotenziale kennenzulernen, um die nächsten möglichen Schritte zu besprechen. Durch die Kopplung von Regnose und 1-2-4-all wird die Gruppe zu Visionär:innen und Innovationspionier:innen. Dazu stellen wir ihnen die folgende Aufgabe:

> *Stellt euch vor, ihr seid in der Zukunft angekommen. Ihr seid deutlich weiter und stolz auf das, was ihr erreicht habt. Ihr trefft euch nach dem gerade abgeschlossenen Strategiemeeting in der Kaffeeküche und sprecht über den Verlauf des Vormittags. Beschreibt eure Zukunft kurz schriftlich und ganz konkret in Listenform. Was lief heute (im Jahr 2023) gut? Was hat euch wieder einmal geärgert? Wo konntet ihr endlich mal mutig sein?*

Zur Bearbeitung dieser Fragen setzen wir 1-2-4-All ein. Jede:r reflektiert seine/ihre Zukunft zuerst für sich allein und teilt sie danach mit einem:r Partner:in, dann in Vierer-Gruppen und schließlich mit der gesamten Gruppe. Im Nachgang werden Gemeinsamkeiten, aber auch mögliche Unvereinbarkeiten herausgearbeitet und auf einem Board visualisiert. Bei den Zeiten für die einzelnen Schritte halten wir uns an die Empfehlungen der Liberating Structure.

	Vorgehensweise
Einleitung	Stellt euch vor, ihr seid im Jahr 2023 angekommen. Gestern war wieder euer Meeting und die Runden laufen inzwischen echt gut. Ihr seid stolz auf das, was ihr die letzten zwei Jahre auf die Beine gestellt habt. Ihr trefft euch gerade zufällig in 2er-Gruppen in der Kaffeeküche und sprecht über das gestrige Meeting.
Runde 1 (7 Minuten)	Versucht euch selbst im Stillen eine Vorstellung von dieser Runde zu machen: Wie lang hat die Runde gedauert? Wer war anwesend? Wie hat die Agenda ausgesehen? Was war für dich persönlich das Wichtigste? Worüber hast du dich geärgert? Was hat dich an der Runde besonders gefreut? Wo hast du das Gefühl, dass ihr euch in den letzten zwei Jahren im Kreis gedreht habt? Notiere dir deine Vorstellung von diesem Meeting und gehe in Runde 2.
Runde 2 (15 Minuten)	Geht in die gerade festgelegten Paare und diskutiert miteinander eure Wahrnehmungen von dieser Runde. Versucht ein gemeinsames Bild von der Zukunft zu entwickeln. Denn ihr wart ja schließlich in der gleichen Runde! Schreibt diese Punkte zusammen.
Runde 3 (20 Minuten)	Ideen aus den Paaren werden nun in Vierergruppen verfeinert. Führt Gemeinsamkeiten zusammen und stellt gefundene Unterschiede heraus. Wählt in eurem Team einen Sprecher, denn ihr werdet nach diesen 20 Minuten eure Wahrnehmungen und den Ablauf des gestrigen Tages in einem „Good Practice Sharing" vorstellen. Ihr bekommt pro Team 5 Minuten für die Vorstellung.
Runde 4 (5 Minuten)	Jede Vierergruppe stellt nun die Ergebnisse vor. Während der Kollege seine Vorstellung macht, notiert euch zwei Kategorien: 1. Welche Gemeinsamkeiten gibt es mit dem Meeting, in dem ihr selbst anwesend wart? 2. Wo unterscheidet sich die gerade vorgestellte Runde von eurer eigenen?

In einer weiteren Arbeit identifiziert die Gruppe Unvereinbarkeiten und sucht nach „Sowohl-als-auch-Lösungen", um diese zu beseitigen. So entstehen Ideen für Experimente, die Gemeinsamkeiten schaffen können. In der Folgesitzung definieren die Teilnehmenden konkrete nächste Schritte für die Verbesserung der Zusammenarbeit.

Reflexion

Seit diesem Workshop haben sowohl wir als auch Kolleg:innen von uns das Format mehrmals erfolgreich eingesetzt. Nach anfänglichen Startschwierigkeiten, sich auf die Regnose statt der Prognose einzulassen, schaffen die Teilnehmenden den Zeitsprung in die Zukunft. Das Meeting ist ein voller Erfolg, das Ziel unserer Auftraggeberin, erste Schritte für den Weg in die Zukunft zu definieren, wird vollständig erfüllt. Auch unsere selbstgesteckten Ziele werden erreicht: Es gelingt uns, alle Teilnehmenden gleichberechtigt im Workshop zu integrieren und möglichst viele unterschiedliche Sichtweisen einzubinden.

Wir haben gelernt, dass es wertvoll ist, über den Tellerrand zu blicken, um zu sehen, welche Methoden in anderen Disziplinen schon vorhanden sind. Die Kombination von zwei unabhängigen Methoden (Regnose + 1-2-4-All) kann ein neues erfolgreiches Konzept hervorbringen. Außerdem haben wir gelernt, dass wir immer mutig sein dürfen und man Teilnehmende auch mit unbekannten Methoden konfrontieren kann, wenn sie gut aufbereitet und anmoderiert sind.

Liberating Structures sind für mich eine Sammlung und praxisgerechte Anleitung von Strukturen, mit der jede:r sofort Meetings, Workshops und Zusammenarbeit verbessern kann. Und eine wertschätzende und diverse Community, in der man gemeinsam lernen und ausprobieren kann.

Karin Wächtler
setzt Liberating Structures in Meetings und Workshops im Unternehmen und bei Non-Profit-Organisationen ein

Ecocycle Planning – eine Struktur für Klarheit und Überblick

Der Ecocycle ist die Struktur, die ich bei meinem allerersten Liberating Structures Meetup als Rahmen für einen Jahresrückblick im November 2018 kennenlernen durfte. Es hat sofort gefunkt – und hat mich direkt nicht nur für diese Struktur begeistert, sondern auch insgesamt für Liberating Structures und die Community.

Sehr bald danach werde ich gefragt, ob ich das Kernteam eines gemeinnützigen Vereins mit einer Workshopmoderation unterstützen könnte. Der Anlass ist ein Arbeitsmeeting, in dem neben konkreten und operativen Themen endlich auch mal grundlegende Dinge besprochen werden sollen, z. B.:

Wie wollen wir zusammen arbeiten? Was soll unser Fokus sein?

Ich weiß, dass die Teilnehmenden sich bisher noch nie wirklich Zeit genommen haben, mal in Ruhe außerhalb der konkreten Projekte zu sprechen.

Für mich ist sofort klar, dass ich Liberating Structures einsetzen werde, weil ich damit schon einige Meetings und Workshops verbessern konnte. Dadurch, dass alle integriert werden und auch die stillen Teilnehmenden ihre Gedanken und Ideen einbringen können, haben wir oft sehr gute Ergebnisse erzielt und auch ein anderes Gefühl der Selbstwirksamkeit als Gruppe herbeigeführt.

Die Idee ist nun, der Gruppe Raum zu geben, um festzustellen, wo sie steht, Erfolge zu feiern und zu überlegen, wie sie weitermachen und was sie z. B. auch nicht mehr machen. Dazu habe ich mir die Struktur Ecocycle Planning ausgesucht, damit sich die Gruppe zunächst gemeinsam einen Überblick über alle Aktivitäten und Projekte verschaffen kann. Mit einem im Ecocycle Planning enthaltenen 1-2-4-All nimmt man sich Zeit, diese aufzuschreiben, zu besprechen, zu aggregieren und auf einem unendlichen Kreislauf von „Erneuerung", „Geburt", „Reifephase" und „Kreative Zerstörung" anzuordnen.

Ich habe die Struktur noch nicht selbst moderiert. In Moderation und Facilitation probiere ich mich zwar schon länger aus, bei Liberating Structures fehlt mir aber noch etwas die Routine. Daher habe ich etwas Lampenfieber. Ich bereite mich gut vor und stelle mal wieder fest, dass mir die konkrete Anleitung auf der Liberating Structures Website sehr dabei hilft. Zusätzlich gibt es noch Variationen und Beispiele sowie ein Arbeitsblatt mit der Grafik, die ich als Basis für mein Flipchart nehme (ich entscheide mich für ein großes Querformat, damit alles gut Platz findet und übersichtlich bleibt).

Sorge macht mir auch noch die kleine Gruppe. Gibt es ein „zu klein"? In meinem allerersten Meetup waren wir zunächst nur zu zweit. Dort hatten die Teilnehmenden jeweils für sich allein einen Jahresrückblick damit erstellt und dann der PartnerIn vorgestellt. Das hat sehr gut funktioniert. Die anfängliche Sorge stellt sich dann auch später als unbegründet heraus. Das gibt den VerfechterInnen recht, die darauf schwören, dass Liberating Structures IMMER funktionieren. Später habe ich die Struktur sogar noch einmal mit einer einzelnen Person durchgeführt und auch schon allein für mich selbst – hat auch beides gut funktioniert.

Wir beginnen mit einem kurzen Warm-up (*Wie geht es Dir heute?* und ein kurzer Erwartungscheck). Dann geht es direkt los mit dem **Ecocycle**. Die Teilnehmenden schreiben erst für sich auf Klebezettel, was sie seit Beginn des Projekts alles gemacht haben bzw. was es für Teilprojekte gibt. Danach tauschen sie sich zu zweit, dann zu viert aus und ordnen die Klebezettel auf dem **Ecocycle** an. So entsteht gemeinsam ein Überblick, der die Teilprojekte, Aktivitäten und Tätigkeiten den verschiedenen Phasen des **Ecocycle** zuordnet.

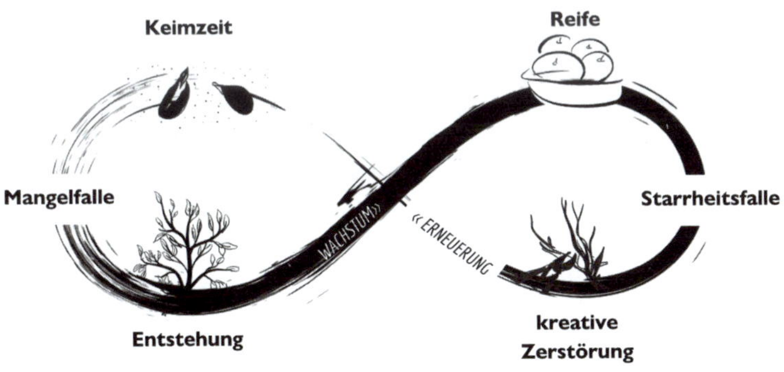

Mein Lampenfieber und meine Sorgen, ob die Struktur passt, verschwinden, als ich merke, wie viel Klarheit und Energie diese Struktur wirklich freisetzt. Schwierig finde ich manchmal noch das Timeboxing, wenn ich das Gefühl habe, dass die Teilnehmenden jetzt wirklich in einen guten Austausch kommen über Dinge, die sie so noch nie besprochen haben. Ein paar Mal gebe ich noch zusätzliche Zeit, nehme mir aber für die Zukunft vor, diesbezüglich die Struktur noch strenger einzuhalten.

Im nächsten Schritt legt die Gruppe Maßnahmen fest, z. B. was bei manchen Projekten getan werden muss, um aus der sogenannten Mangelfalle herauszukommen. Ebenso werden die Dinge betrachtet, die man ungern loslässt und die sich ggf. in der Starrheitsfalle befinden – schnell finden sich ein paar Kandidaten für „Lassen".

Wie immer ist es erstaunlich, was die Gesamtübersicht über alle Initiativen und Projekte in den unterschiedlichen Entwicklungsstadien auslöst: von Erstaunen, wie viele Dinge in der Pipeline sind, über Freude bzgl. des Geleisteten bis hin zur direkten Erkenntnis, dass in manchen Bereichen einfach zu viel steckt und man sich fokussieren muss.

Die Gruppe ist dankbar, und der nächste Schritt, Maßnahmen festzuhalten (wir priorisieren noch mit Dot-Voting), ist dann ziemlich einfach. Die wertvollen Diskussionen und gemeinsame Einordnungen der Themen im **Ecocycle** haben dafür vorab gute Orientierung geliefert. Im Checkout am Ende hole ich noch Feedback ein, und die gesamte Session wird als ungemein hilfreich und die Struktur als sehr geeignet beurteilt.

Für mich ist **Ecocycle Planning** eine tolle Struktur, mit der man in kurzer Zeit einen aktuellen Stand über Themen, Projekte oder auch Beziehungen erarbeiten und visualisieren kann. Was ich daraus für meine Workshop-Praxis gelernt habe: einfach ausprobieren – auch wenn die Struktur etwas komplexer ist! Und streng beim Timeboxing sein. Hilfreich ist auch noch, ein Flipchart für „andere Themen" zu reservieren und Diskussionsthemen dort zu parken – dann fühlt es sich nicht so an, als würde man das Thema abschneiden, und es gehen keine wichtigen Impulse verloren.

7.
Veränderung anstoßen

Wie schaffen wir es, mit Freude gemeinsam Veränderung anzustoßen?

Die einzige Konstante im Leben ist die Veränderung.
– Heraklit

Unser Leben ist immer in Bewegung. Unsere Umgebungen und wir verändern uns – mal schneller und mal langsamer. Haare wachsen, Kinder werden größer und das einst neue Auto ist jetzt ein Oldtimer. Selbst wenn wir nichts aktiv tun, ist Veränderung immer ein natürlicher Teil unseres Lebens.

Im Arbeitsumfeld haben wir bei dem Wort „Veränderung" oft ein großes Change-Projekt vor Augen – ein Team von Berater:innen, das das Unternehmen analysiert, tolle Charts und Auswertungen präsentiert und dann einen Stufenplan vorstellt, was und wie hier verändert werden muss. Aber dann, dann kommt der schwierige Teil, in dem wir mühsam alle anderen auf den von Expert:innen definierten Weg mitnehmen und gegen Widerstände in der Umsetzung kämpfen müssen.

Das mag sehr sarkastisch klingen: Vermutlich haben wir alle schon einmal eine:n langjährige:n Mitarbeiter:in erlebt, der/die solch einen Ansatz stoisch beobachtet und sich denkt: „Das habe ich schon mehrfach hinter mir, das geht vorbei". Und wenn wir davon sprechen, andere „mitnehmen" zu müssen, halten wir damit unsere Kolleginnen und Kollegen nicht nur für unmündig, sondern auch bedürftig nach unserer (erwachsenen) Begleitung?

Es gibt eine ganze Branche, die sich mit dem Thema „Veränderung" beschäftigt und immer neue Theorien, Konzepte und Beratungsleistungen entwickelt. Veränderung im Unternehmen ist wichtig, und Impulse von außen sowie ein neutraler Blick auf unsere gewohnten Prozesse und Strukturen sind hilfreich. Aus unserer Sicht wird jedoch häufig einem zentralen Aspekt zu wenig Aufmerksamkeit geschenkt: den Menschen, die sich jeden Tag damit auseinandersetzen.

Bei vielen Veränderungsprojekten dürfen wir uns vermutlich auch die Fragen stellen: Wozu machen wir das eigentlich? Machen wir es, weil wir schon lange nichts mehr verändert haben? Oder machen wir es etwa, weil jede:r über Change redet oder unser Mitbewerber gerade sein/ihr Unternehmen „agiler" macht? Sind wir in Gefahr und müssen reagieren? Und warum ist es überhaupt nötig, dies in einem Projekt zu organisieren? Hat Veränderung überhaupt einen Anfang und ein Ende?

Veränderung gelingt nicht allein. Wir bewegen uns immer in einem Geflecht aus Kund:innen, Mitarbeiter:innen und außenstehenden Organisationen. Liberating Structures helfen uns dabei, ein Umfeld zu schaffen, in dem Veränderung – statt von einer zentralen Stelle gesteuert zu werden – an vielen Stellen initiiert wird. Veränderung wird dann nicht wie eine große bedrohliche Wolke gesehen, sondern passiert ganz natürlich aus dem System heraus, immer dann, wenn uns etwas auffällt, das verändert werden kann. Mit dem Einsatz von Liberating Structures wächst die Zuversicht, dass es für Veränderung manchmal gar nicht viel braucht – es kann ein gutes Gespräch sein, das zu einer neuen Verabredung führt oder einmal probeweise einen Ablauf anders durchzuführen und aus den Erkenntnissen zu lernen.

Die Geschichten dieses Kapitels zeigen, wie Mitarbeitenden eine starke Stimme gegeben wird und sie gemeinsam Veränderung anstoßen. Ihr erfahrt, wie Teams zusammen eine neue Form der Zusammenarbeit schaffen, indem sie gemeinsam ihre Vision und Werte definieren. Ihr lest, wie eine diverse Gruppe zusammen Wege aufzeigt, um chronische Hemmnisse aus dem Weg zu räumen und konkrete Vorschläge zu erarbeiten. Was in allen Geschichten deutlich wird: Menschen beteiligen sich mit viel Freude und Enthusiasmus, wenn sie gemeinsam Zukunft gestalten dürfen.

Indem ihr Liberating Structures nutzt, um Veränderung anzustoßen, füllt ihr das Prinzip „Verstärkt Möglichkeiten – glaubt an sie, bevor sie greifbar sind" mit Leben.

Ihr konzentriert euch darauf, was bereits gut funktioniert, anstatt auf das, was hakt oder Probleme bereitet. Statt darauf zu warten, dass alle Hürden aus dem Weg geräumt sind oder ideale Bedingungen bestehen, konzentriert ihr euch auf das, was jetzt mit der vorhandenen Vorstellungskraft und den vorhandenen Materialien erreicht werden kann. Anstatt gleich das ganze System auf einmal ändern zu wollen, fokussiert ihr auf kleine, machbare Schritte und setzt gemeinsam eure Kreativität ein, um voranzukommen.

„Liberating Structures sind für mich eine transformierende Leadership-Haltung und tägliche Inspirationsquelle für ein starkes Miteinander."

Alina Barenz
nutzt Liberating Structures bei der Deutsche Bahn AG und darüber hinaus.

Mitarbeitenden eine starke Stimme geben

Die meisten der vierzig Mitarbeitenden der Deutschen Bahn begegnen sich heute morgen in Berlin zum ersten Mal. Sie kommen aus unterschiedlichen Berufen, Abteilungen und Bundesländern. Alle haben Ideen im Gepäck, welche chronischen Hemmnisse dem Ziel einer „starken Schiene" im Weg stehen. Wer heute dabei ist, will gehört werden und mitgestalten. Denn der Vorstand hat versprochen, die wichtigsten Anliegen der Mitarbeitenden als „Ausbausteine" in die Strategie aufzunehmen und schnell umzusetzen.

Enthusiasmus, Neugier und Spannung liegen in der Luft. Am Ende der anderthalb Workshop-Tage sollen sich die Teilnehmenden auf zwei konkrete Vorschläge geeinigt haben. Das Thema ist zu Beginn noch offen. Es kommt ganz auf die Anliegen und Beiträge der Mitarbeitenden an. Sie sind gefragt, sich mit ganzem Herzen einzubringen, einander zuzuhören und in wenigen Stunden ein verbindendes Thema für den Workshop zu formulieren. Eine enorme Aufgabe für die Gruppe, die so vielfältige Perspektiven repräsentiert! Als Begleitteam ist uns wichtig, einen Rahmen zu schaffen, in dem die dringlichsten Anliegen sichtbar werden können. Neben anderen Liberating Structures nutzen wir dazu das Conversation Café.

Ina und ich laden die Mitarbeitenden ein, sich bunt gemischt auf fünf Stuhlkreise zu verteilen. Die junge Triebfahrzeugführerin nimmt Platz neben dem international tätigen Bauingenieur, im Kreis mit dem langjährigen Kollegen vom Empfang und der IT-Projektmanagerin.

Das nervt! Das schmerzt! Immer wieder!

ist das Thema des Conversation Cafés. Wir suchen den größten gemeinsamen Schmerzpunkt.

Der Ablauf der folgenden vier Dialogrunden ist schnell erklärt: Zuerst haben alle im Kreis nacheinander eine Minute Zeit zum Teilen der eigenen Sichtweise. Sobald jede:r einmal gesprochen hat, beginnt eine zweite Runde, denn das Hören der anderen erweitert und verändert die eigene Perspektive auf das Thema. Dann startet die offene Diskussion. In einer Schlussrunde haben alle noch einmal eine Minute Zeit zum Teilen, was sie persönlich aus dem Austausch mitnehmen.

Nach der Einführung in das **Conversation Café** beginnt in jedem Stuhlkreis eine Person zu erzählen: *Was sehe, erlebe, tue ich (in meinem Arbeitsumfeld), was chronisch schiefläuft?*. Dies ist der Moment, in dem sich die Kraft der Selbststeuerung entfaltet. Wer spricht, hält einen kleinen ICE als Redesymbol und hat die volle Aufmerksamkeit. Alle achten darauf, die Redeminute zum Teilen ihrer Gedanken einzuhalten. Als Unterstützung dient ein Handy-Timer.

Diese Art und Weise, miteinander zu sprechen, ist für viele ungewohnt. In enger Taktung wird jede Stimme konzentriert gehört. Mitarbeitende diverser Ebenen und Unternehmensbereiche, die sich nie zuvor gesehen haben, erzählen, was ihnen unter den Nägeln brennt. Auch in der zweiten Runde zur Frage „*Was denke, fühle, tue ich, nachdem ich die anderen gehört habe?*“, ist die Aufmerksamkeit hoch. Die Worte, die durch den Raum klingen, lassen den Willen zur Veränderung erkennen.

In der offenen Diskussion werden die Gespräche in den Gruppen lebendiger und lauter. Verbindungen zwischen den persönlichen Erfahrungen werden deutlich und bringen die Teilnehmenden einander näher: „Ja genau, das erlebe ich auch so …“ Trotz der ernsten Themen wird gelacht – ernsthafter Spaß eben, wie es Liberating Structures versprechen. In der letzten Runde sagen alle, was sie aus diesem Gespräch mitnehmen. Auf einmal ist da ein Wir, ein gemeinsamer Blick: „Wir versuchen, das gleiche Problem an verschiedenen Orten zu lösen“, fasst ein Kollege seine Erkenntnis zusammen.

Jetzt lassen sich die im **Conversation Café** angesprochenen Schmerzpunkte mithilfe von **1-2-4-All** rasch clustern. Die Priorisierung mithilfe der Struktur **25/10 Crowdsourcing** bringt am Ende des Vormittags schließlich das größte gemeinsame Anliegen auf den Punkt, für das alle Teilnehmenden konkrete Vorschläge entwickeln wollen: Die bereichsübergreifende Zusammenarbeit für unsere Kund:innen. Unterstützt durch weitere befreiende Strukturen kristallisiert sich aus diesem noch sehr weiten Fokus ein emotional besonders dringliches Anliegen heraus: Mitarbeiter:innen und Kund:innen vor Übergriffen, insbesondere im Nahverkehr, zu schützen. Es entsteht der Ausbaustein „Sicher unterwegs“, der die Kräfte des Konzerns in diesem Sinne bündeln soll. In die Umsetzung werden die Kolleg:innen weiter eingebunden, die sich im Workshop für dieses Thema eingesetzt haben.

Verwendete LS

- Conversation Café
- 1-2-4-All
- 25/10 Crowd Sourcing

Getragen von einer Abfolge aus Liberating Structures wird das Zusammengehörigkeitsgefühl der zuvor fremden Kolleg:innen als ein Team Deutsche Bahn zur prägenden Erfahrung in diesen anderthalb Tagen und bahnt uns den Weg zur „starken Schiene".

Liberating Structures sind für mich pure Energie in einem freiheitsgebenden Rahmen.

Johannes Schartau
setzt Liberating Structures ein beim Denken, Sprechen, Interagieren.

Von wegen dysfunktional!

Es ist ein namenloser Dienstag im Service-Center einer Bank. Dort, wo normalerweise mehrere Leute gleichzeitig im Kundengespräch am Telefon sprechen und andere Leute parallel schriftlich Kundenanfragen beantworten, ist es still. Die Anrufe sind umgeleitet und die Mitarbeitenden sitzen auf Bürostühlen in einer Ecke des großen Raumes.

Vor einigen Monaten wurden große Veränderungen in der Zusammenarbeit dieses Service Centers eingeführt. Teams wurden neu geschnitten, Aufgaben neu verteilt, Erfolgsparameter neu bestimmt. Leider ging als Folge nicht nur die Performance erst mal in den Keller. Auch das Miteinander litt merklich, und Konflikte äußerten sich verdeckt und offen. Aus diesem Grund möchte das Team nun erarbeiten, welche Probleme in der Zusammenarbeit den Erfolg und das Miteinander am stärksten behindern. Idealerweise werden in dem Workshop direkt die ersten Schritte zur Besserung identifiziert und sofort mit der Umsetzung angefangen.

Ich stehe nun also im vorbereiteten Raum mit diesem Team und frage mich, wie sehr sich die Teilnehmenden auf die Zusammenarbeit einlassen werden. Offene Diskussionen und Gespräche im Alltag führten in der Vergangenheit oft zu Schuldzuweisungen. Aus meiner Erfahrung weiß ich aber, dass genau dann Liberating Structures das tun, was schon im Namen steckt: durch eine klare Strukturierung der Interaktion das Potenzial der Gruppe befreien. Die Teilnehmenden blicken mich an. Es geht los.

Im Vorfeld wurden die Teilnehmenden gebeten, sich Gedanken zu den größten Herausforderungen zu machen, die aus ihrer Sicht die Gruppe daran hindern, das volle Potenzial in der Zusammenarbeit zu entfalten. Damit alle Zeit haben, sich zu sortieren, starten wir mit Stillarbeit. In einem **5x5 Writing** beantworten die Teilnehmenden für sich schriftlich die folgenden Fragen:

- *Welche Veränderung würde den größten Unterschied in unserer Zusammenarbeit machen?*
- *Was wäre anders, wenn es wirklich gelöst wäre?*
- *Woran erkenne ich, dass die Veränderung wirklich eingetreten ist?*

– *Was wünsche ich mir für mich selbst?*
– *Was wünschen sich wahrscheinlich andere für sich selbst?*

Ziel ist dabei, ohne groß nachzudenken, zu jedem der fünf Blickrichtungen fünf Aspekte zu notieren.

Die Teilnehmenden nehmen sich anschließend Zeit, um ihre Ergebnisse zu sortieren und zu interpretieren. Was fällt auf? Wie passt das alles zusammen? Wie würde ich die Essenz meiner Gedanken formulieren?

Dies führt uns zum nächsten Schritt: wir möchten sehen, an welchen Themen die Teilnehmenden in diesem Workshop arbeiten möchten. Dafür benutzen wir **25/10 Crowd Sourcing**. Die Teilnehmenden bekommen zuerst fünf Minuten Zeit, um das Thema, das aus ihrer Sicht die Zusammenarbeit wirklich positiv beeinflussen kann, klar zu formulieren und auf eine Karteikarte zu schreiben. Anschließend werden die Ideen in fünf Runden herumgereicht (und damit gemischt) und anonym auf einer Skala von 1 bis 5 bewertet. 5 ist die höchste Bewertung und bedeutet „Ich möchte am liebsten sofort an diesem Thema mitarbeiten!“.

Die vier höchstbewerteten Ideen werden an einer Pinnwand gesammelt. Anschließend lade ich die Anwesenden ein, sich in Gruppen mit vier bis sieben Teilnehmenden um die Themen zu versammeln. Die Gruppen verteilen sich im Raum an vorbereite Stationen mit Flipchartpapier.

Wir möchten nun in den Gruppen schauen, wie diese Themen anzugehen sind. Dafür bekommt jede Gruppe 20 Minuten Zeit, um in den ersten Teil eines **Discovery and Action Dialogues** zu starten. Die sieben Fragen, welche die Gruppen während dieser Übung gemeinsam bearbeiten, lassen sich grob in drei Kategorien einteilen: Problemschärfung, Lösungsfindung und Bestimmung von konkreten Aktionen. Im ersten Teil des Discovery and Action Dialogues möchte ich, dass die Teilnehmenden vor allem klären, was eigentlich genau das Problem ist und welche ersten Lösungsideen sie haben.

Damit möglichst früh schon eine Zusammenarbeit *zwischen* den Gruppen stattfindet, wird der Discovery and Action Dialogue von einer Runde **Wise Crowds** mit einem Twist unterbrochen. **Wise Crowds** ist normalerweise eine Struktur, um sich gegenseitig zu helfen. Die Hilfe soll heute anders als gewohnt aussehen: jeweils zwei Gruppen finden sich zusammen und machen untereinander aus, welche Gruppe A und welche Gruppe B ist. Gruppe A

Verwendete LS

5x5 Writing | 25/10 Crowd Sourcing | Discovery and Action Dialogues | Wise Crowds | Shift and Share fängt an und stellt die bisherigen Ergebnisse des **Discovery and Action Dialogues** knapp vor. Anschließend kann Gruppe B Verständnisfragen stellen. Danach dreht sich Gruppe A um. Gruppe B bespricht hinter Gruppe As Rücken deren bisherige Ergebnisse. In dieser Form von Wise Crowds möchte ich aber, dass die Hilfe gebende Gruppe konstant und ohne Unterbrechung ausschließlich Kritik übt: „Das Problem ist doch gar kein echtes Problem!", „Dieses Problem zu lösen würde uns gar nicht weiterbringen, da nämlich ...!", „Die Lösungsideen können ja gar nicht funktionieren, weil ...". Nach anfänglichem Unglauben und Skepsis lassen sich die Teilnehmenden darauf ein. Natürlich würde normalerweise in diesem Team *niemals* jemand schlecht hinter dem Rücken über andere reden. Nach ca. drei Sekunden Aufwärmzeit sind die Gruppen aber so intensiv dabei, als hätten sie noch nie etwas anderes getan. Sowohl bei den zuhörenden als auch den Kritik übenden Gruppen gibt es viel Gelächter und diabolischen Spaß. Nach der Kritikrunde dreht sich Gruppe A wieder um, sagt danke und teilt Gruppe B mit, was besonders hilfreich war. Anschließend wechseln die Gruppen in der zweiten Runde die Rollen.

Nach diesem Intermezzo widmen sich die Gruppen wieder ihrem **Discovery and Action Dialogue**. Sie bauen das erhaltene Feedback mit ein und beantworten die restlichen vorgegebenen Fragen. Nachdem die Zeit um ist, mischen wir die Gruppen so durch, dass in vier neuen Gruppen immer jeweils eine Person aus den ursprünglichen Gruppen dabei ist. Diese neuen, gemischten Gruppen ziehen dann in einem **Shift & Share** von Station zu Station. An den jeweiligen Stationen stellen die Teilnehmenden, die den **Discovery and Action Dialogue** zu dem Thema mit bearbeitet haben, die Ergebnisse vor. Anschließend stellen die anderen Fragen, geben Feedback, äußern Bedenken oder bieten Mitarbeit an. Zum Abschluss des **Shift & Shares** kehren die Teilnehmenden wieder in ihre Ausgangsgruppen zurück und sammeln das erhaltene Feedback. Sie legen dabei einen besonderen Fokus auf die gehörten Bedenken und prüfen, ob sie wirklich konkrete erste Schritte erarbeitet haben, um das Problem zu lösen. Sie sind auch dazu eingeladen, das Gespräch mit anderen Gruppen zu suchen und – wenn es Sinn macht – gemeinsam weiterzuarbeiten.

In dieser Runde passiert etwas sehr Spannendes: eine Gruppe ist schnell fertig, weil aus ihrer Sicht sehr klar ist, was getan werden muss. Die drei anderen Gruppen fangen an, miteinander zu reden. Beim **Shift & Share** haben sie festgestellt, dass sie zwar vordergründig an drei verschiedenen Themen gearbeitet haben, alle drei Themen aber einen gemeinsamen Kern und eine geteilte Lösungsstrategie haben. Sie besprechen diesen Sachverhalt und beratschlagen, wie gemeinsam vorzugehen ist. Da sich eine offene Diskussion mit vielen Teilnehmenden ergibt, bin ich als Moderator sehr wachsam und beobachte die Interaktion der Gruppe.

Aus den verschiedenen erarbeiteten Lösungen entscheidet sich die Gruppe für eine sehr spezifische. Ich lasse die Diskussion laufen, frage dann aber, was konkret für die Umsetzung getan werden muss und wer dies gerne tun möchte. Verschiedene Teilnehmende bieten dem Rest des gesamten Teams an, bei bestimmten Maßnahmen in die Führung zu gehen und die Verantwortung zu übernehmen. Dies wird auch gerne angenommen. War die Zusammenarbeit dieses Teams bisher oft von Konflikten und Misstrauen erschwert, sehen plötzlich alle für sich eine Perspektive und haben das Gefühl, produktiv miteinander gearbeitet zu haben. Alle gehen mit klaren To-dos und Erwartungen aus dem Workshop.

In den nächsten Tagen gehen die Teilnehmenden, die sich einzelne Aufgaben genommen hatten, engagiert bei ihren Themen in die Führung. Sie arbeiten konsequent an den Lösungen und stellen dem Rest des Teams Zwischenergebnisse vor, um sich früh Feedback abzuholen. Die einhellige Meinung lautet: „In dem Workshop haben wir seit Langem mal wieder konstruktiv miteinander gearbeitet. Anscheinend geht das ja doch! Ich dachte immer, wir sind dafür zu dysfunktional."

Liberating Structures haben diesem Team den klaren Rahmen gegeben, um konstruktiv miteinander zu arbeiten. Gleichzeitig war die Freiheit da, um wirklich die eigenen dringenden Themen anzugehen und Lösungen zu finden, die für die Gruppe funktionieren.

„Liberating Structures sind für mich ein Werkzeugschatz für die Hosentasche, immer und überall einsetzbar, um mit allen gemeinsam das gewünschte Ziel zu erreichen.“

Constanze Schwarz
setzt Liberating Structures in Meetings, Workshops und Trainings, innerhalb ihres Unternehmens, mit den Kunden, bei Meetups oder mit Eltern und Lehrern in der Kooperationsarbeit zwischen Elternhaus und Schule ein.

„Liberating Structures sind für mich ein Baukasten von Methoden, der Freiheit und Verantwortung an jeden Einzelnen gibt.“

Andreas Erber
nutzt Liberating Structures in allen erdenklichen Workshops – ob persönlich oder virtuell. Daneben auch in der Workshop-Planung, um Szenarien durchzuspielen.

Der 2-Stunden-Werte-Workshop: begeisternd, lebendig, zielführend

Wer hat schon die Chance, Eigentümer eines intakten und wertvollen Unternehmens zu werden? Aktuell stehen viele Firmen vor einem Generationswechsel. Mit einer ausgereiften Rechtsgrundlage in einem neuen Kontext entsteht ein innovatives Modell, diesen zu ermöglichen.

Wir Mitarbeitenden der iteratec GmbH haben die einmalige Gelegenheit, die Inhaberschaft im Rahmen einer Genossenschaft selbst anzutreten. Die iteratec nurdemteam eG sucht nun nach einer gemeinsamen Wertebasis, die von allen Mitgliedern aus Deutschland, Österreich und Polen getragen wird. Der Aufsichtsrat organisiert dafür Workshops, die wir gebeten wurden auszuarbeiten. Dabei sind wir auf folgende inhaltliche und organisatorische Herausforderungen gestoßen:

Wir Menschen haben alle unsere persönlichen und beruflichen Werte. Meist sind uns diese im Alltag nicht sehr bewusst. Für uns zusätzlich neu ist die Inhaber:innen-Perspektive und die Organisationsform Genossenschaft.

Die Workshops sollen an allen sieben Standorten, in einem auf zwei Stunden begrenzten Zeitrahmen mit verschiedenen Moderator:innen durchgeführt werden. Wir rechnen mit 10 bis 30 Teilnehmenden pro Workshop.

Wir Autor:innen wissen aus unserer Moderationserfahrung, dass ein guter String, also eine ineinander greifende Abfolge von einzelnen Liberating Structures, den Workshop und die Teilnehmenden wie ein stützendes Skelett trägt und so dem Inhalt freien Raum gibt. Mit einem String aus leicht verständlichen, kompakten Strukturen wollen wir die Teilnehmenden für dieses inhaltlich schwierige Thema begeistern. Um die Moderator:innen in ihrer Arbeit zu unterstützen, gestalten wir als Handreichung ein **Design Storyboard**, das den String abbildet. Damit beschreiben wir die Zielsetzung der einzelnen verwendeten Strukturen, deren Abfolge, deren einzelne Schritte, das Timing und das benötigte Material.

Unser Workshop

Wir entscheiden uns für einen Ansatz aus Priming, wiederholtem Divergieren und Konvergieren, Konkretisieren und abschließendem Priorisieren, um die Nachhaltigkeit zu sichern.

Einladen und Primen

Mit der Einladung schicken wir den Teilnehmenden eine Werteliste[2] als vorbereitende Lektüre.

Eröffnen und Divergieren

Mit einem lebhaften **Mad Tea** – einer Struktur in Entwicklung – eröffnen wir den Workshop und laden alle ein, Werte aus verschiedenen Blickwinkeln zu betrachten. Zu zweit vervollständigen alle Teilnehmenden in kurzen Wechseln vorgegebene Satzanfänge. Die Abfolge ist rasch, wir stehen uns in einem inneren und einem äußeren Kreis gegenüber und nach rund einer Minute treten alle einen Schritt nach rechts. So drehen sich die Kreise gegeneinander weiter und jede:r hat eine:n neue:n Gesprächspartner:in. Diese Öffnung des Werteraumes mit allen Teilnehmenden im Workshop ist genauso ein großer Spaß, wie bereits der Entwurf der Satzanfänge.

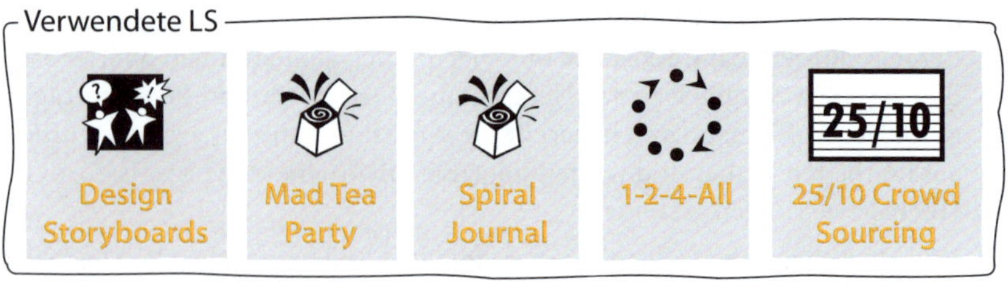

[2] Angelehnt an https://stevepavlina.de/werte-liste/.

Was würde euch als Vervollständigung zu den folgenden Satzanfängen einfallen?

- Der skurrilste bzw. seltsamste Wert (der zuvor verteilten Liste) war für mich …
- Am meisten nachgedacht habe ich beim Wert …
- Besonders wichtig für Dagobert Duck wäre bestimmt der Wert …

Aktiviert und mit einer umfassenden Sicht auf das Thema Werte ausgestattet, suchen wir nun nach Ruhe und Konzentration.

Fokussieren

Das **Spiral Journal** – eine Struktur in Entwicklung für die konzentrierte Selbstreflexion – hilft uns, unseren Blick zu fokussieren. Jede:r faltet ein Blatt zweimal hälftig, sodass vier Quadranten entstehen. Es wird mucksmäuschenstill im Raum, während jede:r eine Spirale in die Mitte ihres oder seines Blattes malt. Vier Fragen führen uns anschließend von unseren privaten über die persönlichen Werte im Arbeitskontext zu denen eines Inhabers und gipfeln in der Frage

Welche Werte erachte ich für die iteratec nurdemteam eG für sinnvoll?

Wichtig ist uns dabei die Perspektive des:der Einzelnen auf die Genossenschaft. Die Antworten hat jede:r in die vier Quadranten notiert.

Konvergieren

Die letzte Frage führt uns nahtlos in die nächste Struktur, denn sie stellt die Phase 1 des **1-2-4-All** dar. Paarweise erarbeiten die Teilnehmenden eine gemeinsame Liste basierend auf den Ergebnissen ihrer Spiral Journals. Zusammen mit einem weiteren Paar bestimmen sie die sechs bis acht Werte dieser Vierergruppe und stellen diese im Plenum vor.

Konkretisieren

Wir konkretisieren die gefunden Werte mit einer weiteren Kollaborationsmethodik. Die Teilnehmenden finden sich in neuen Dreier- oder Vierer-Gruppen zusammen. Die Gruppe wählt einen Wert aus der Wertesammlung, welchen sie interessant findet, und beschreibt diesen mit maximal drei Stichpunkten auf einer Moderationskarte. Jede Gruppe wählt und bearbeitet hintereinander so viele Werte, wie sie Teilnehmende hat. In dem sich ausbreitenden geschäftigen Treiben sammeln wir so genauso viele Wertekarten in einem Gefäß, wie Kolleg:innen an dem Workshop teilnehmen.

Priorisieren

Damit sind wir für ein **25/10 Crowdsourcing** ausgerüstet. Jede:r Teilnehmende zieht eine Karte aus dem Gefäß und die Musik beginnt. Wir laufen wild durcheinander und tauschen achtsam unsere Karten, ohne sie zu lesen. Die

Musik stoppt, jede:r liest und bewertet den Wert auf seiner/ihrer Karte auf einer Skala von 1 bis 5 nach dessen Relevanz für die Genossenschaft. Dabei bedeutet 1 „der Wert ist aus meiner Sicht für die Genossenschaft irrelevant" und 5 „der Wert ist aus meiner Sicht für die Genossenschaft sehr relevant" Nach fünf Runden fühlen wir uns wieder frisch nach der zuvor so anstrengenden, konzentrierten Arbeit und haben gleichzeitig eine priorisierte Liste der gefundenen Werte.

Nachhaltigkeit sichern

Die Moderation fragt in die Runde, welches Set von sechs bis max. acht der höchst priorisierten Werte für diese Geschäftsstelle in die nächste Runde mitgenommen werden soll. Wir wenden dazu das Konsent-Verfahren[3] an und stellen so ohne große Diskussionen sicher, dass alle Teilnehmenden hinter diesem Set stehen.

Die Teilnehmenden des ersten Workshops waren ausnahmslos begeistert vom Ergebnis, der Methodik und der Energie des Workshops. Es hat sich gelohnt, viel Energie in die Vorbereitung zu investieren. Wir haben das Storyboard in einem mehrstufigen Review-Prozess erstellt und die weiteren Moderator:innen damit bereits im Vorhinein begeistert ins Boot geholt.

[3] siehe https://www.soziokratie.org/elemente/konsent/

> **"*Liberating Structures sind für mich ungemein befreiend und wie eine Matrjoschka.*"**

Daniel Steinhöfer
setzt Liberating Structures möglichst immer, aber doch viel zu selten als agiler Coach und im privaten Umfeld ein.

> **"*Liberating Structures sind einfach zu lernen und schwer zu meistern.*"**

Carsten Sahling
setzt Liberating Structures immer ein, wenn zielgerichtete Kommunikation nötig ist.

Der Visions-Workshop

An einem kalten Januartag fahren wir frühmorgens von Hamburg ans Meer. Im Tagungshotel erwartet uns kitschiges US-Ostküstenflair, ein nebelverhangener Strandblick und in Kürze ein Team aus Manager:innen für die digitale Transformation eines Großkonzerns.

Dort angekommen, besprechen wir beide bei einem Kaffee letzte Details unseres vermeintlich *perfekten*, aber wie wir gleich merken werden, ein wenig zu sportlich getakteten Plans für die zwei Tage. Punkt 9 Uhr – Workshopbeginn. Niemand da. Nach und nach weicht unsere freudige Aufgeregtheit einer leicht nervösen Ungewissheit: Wann kommen die Leute? Dann der Anruf: massiver Stau, zwei Stunden Verspätung.

Wir denken über erste Planänderungen nach und beginnen, Abschnitte des Workshops zu kürzen.

Endlich. Die zwölf Manager:innen erstürmen den Raum. Sie erwarten, zwei Tage über Vision, Ziele und Zusammenarbeit zu sprechen.

Aus unserer Sicht ist es allerdings für eine Vision („Wie sieht die Welt aus, wenn wir erfolgreich sind?") noch zu früh, denn das Team hat die Grundlagen ihrer Zusammenarbeit und ihre gemeinsame Vorstellung von Erfolg noch nicht definiert.

Deshalb starten wir mit einem **Purpose-to-Practice**.

Purpose-to-Practice gilt als eine der anspruchsvolleren Strukturen aus dem Kanon der 33 offiziellen Liberating Structures. Sie klärt in fünf Schritten nacheinander folgende Aspekte:

Purpose-to-Practice in fünf Schritten

1. Purpose: Was wollen wir und warum ist das für uns und unser Umfeld wichtig?
2. Prinzipien: Was sind die Vereinbarungen für unsere Zusammenarbeit?
3. Beteiligte: Wen benötigen wir, um unseren Purpose bestmöglich zu unterstützen?
4. Struktur: Wie wollen wir uns organisieren?
5. Praktiken: Welche konkreten Handlungen unternehmen wir?

Die Schritte 2 bis 5 blicken dabei immer auf den Purpose zurück: Wie können wir den Purpose zum Leben erwecken?

In der originalen Beschreibung von **Purpose-to Practice** ist für jede der Fragestellungen ein **1-2-4-All** vorgesehen. Allerdings hat es sich in der Praxis bewährt, mehr Struktur in Form von weiteren Liberating Structures vorzugeben. Insbesondere die Erarbeitung eines starken Purpose ist enorm wichtig und benötigt viel Aufmerksamkeit und Zeit. Schließlich ist dies die Basis für alle weiteren Schritte des **Purpose-to-Practice**.

Daher verbringen wir trotz des arg verkürzten Zeitfensters den Großteil des ersten Tages mit dem *Purpose* und feilen mit einer Abfolge aus mehreren Liberating Structures (**9 Whys**, **Gallery Walk**, **Folding Spectogram** und **Min Specs**) in mehreren Iterationen am Purpose-Statement, bis alle begeistert sind, alle wichtigen Aspekte enthalten sind und jeder sich damit identifizieren kann.

Auch wenn der am Ende entstandene Satz für Außenstehende möglicherweise phrasenhaft daherkommt, die Teilnehmenden sind einen langen Weg gegan-

Verwendete LS

Purpose-to-Practice | **Ecocycle Planning** | **What, So What, Now What?**

gen, um diesen Satz zu formulieren. Die Wünsche, Bedürfnisse, Hoffnungen und Unsicherheiten jeder einzelnen Person werden hier betrachtet, bis alle diesen Purpose als tieferen Sinn und Motivation für die Zusammenarbeit der nächsten Monate annehmen. Vom Aspekt der Teambildung in diesem Schritt mal ganz abgesehen, ist mit einem guten Purpose eine gemeinsame Stoßrichtung für jede:n greifbar, was für Fokus und Verständnis im Team sorgt.

Mit ihrem gemeinsamen Purpose-Statement widmet sich die Gruppe nun engagiert den restlichen Fragen von **Purpose-to-Practice**.

In den Themenbereichen *Prinzipien, Beteiligte* und *Struktur* läuft soweit alles nach Plan. Spannend wird es dann bei den *Praktiken*, die wir mit **Ecocycle Planning** erarbeiten und betrachten lassen. Dort hat die Gruppe den einen oder anderen Aha-Effekt.

Ecocycle Planning bedient sich einer Metapher der Ökologie: Lebewesen, Pflanzen, aber eben auch Aktivitäten oder Produkte durchlaufen einen endlosen Kreislauf, der aus vier aufeinanderfolgenden Phasen besteht:

Ecocycle Planning in vier Phasen

1. **Die Erneuerung:** Samen befinden sich in der Erde. Bezogen auf Aktivitäten oder Produkte bedeutet das, dass Ideen sich in den Köpfen oder Backlogs der Beteiligten befinden.
2. **Die Geburt:** Mit genügend Zuwendung erwächst aus dem Samen ein zartes Pflänzchen. Eine Aktivität wird gestartet, die Produktentwicklung beginnt.
3. **Die Reife:** Das Pflänzchen ist zu einer Pflanze mit reifen Früchten gewachsen, die sich regelmäßig ernten lassen. Die Aktivität oder das Produkt ist reif und erfolgreich, ertragreich, wirkungsvoll.
4. **Die kreative Zerstörung:** Die Pflanze verbraucht Nährstoffe, bringt aber keinen Ertrag mehr. Sie wird niedergebrannt oder kompostiert und ihre Ressourcen wieder dem Boden zugeführt. Die Aktivität oder das Produkt sind überflüssig geworden und binden unnötig Ressourcen und werden beendet oder neu gedacht.

Zusätzlich lauern im Kreislauf zwei spannende Fallen. In der *Mangelfalle* landen oder liegen Aktivitäten, die bereits geplant sind, denen aber keiner mehr Aufmerksamkeit schenkt. Diese Samen vertrocknen oder erfrieren – sie erhalten keine Wärme und kein Wasser. In der *Starrheitsfalle* befinden sich die überreifen Pflanzen. Sie tragen kaum noch Früchte und nehmen Platz weg. Es sind die Aktivitäten, die wir schon längst beenden wollten, an denen wir aber noch festhalten.

Die vier Phasen werden stets nacheinander durchlaufen, mal langsam, mal unmerklich, mal schnell. Keine der Phasen ist besser oder schlechter, denn für einen gesunden Garten sind alle Phasen notwendig. Die Metapher hilft Gruppen, die begrenzten Ressourcen für ihren Garten auf die Phasen auszutarieren.

Wir führen mit der Gruppe zwei **Ecocycle Plannings** durch. Eines zu den *Praktiken nach innen* (*Wie wollt ihr Purpose, Prinzipien, Beteiligte und gewünschte Strukturen zum Leben erwecken und was davon tut ihr bereits?*) und eines zu den *Praktiken nach außen* (*Wie sieht euer Produkt-Portfolio in Richtung Kunde aus?*).

Zuerst überlegen die Teilnehmenden, welche Aktivitäten oder Produkte in ihrem Kontext überhaupt existieren, um sie dann gemeinsam mithilfe bunter Post-its auf einem großen Ecocycle-Schaubild an der Wand für alle sichtbar zu machen.

Unsere Gruppe entdeckt, dass viele *Praktiken nach innen* in der Erneuerungs-Phase hängen, die also bislang nur Ideen sind. Und sie gesteht sich offen ein, dass einige der Aktivitäten in den beiden Fallen festhängen. Die Beteiligten entscheiden sich dafür, die überreifen Aktivitäten einzustellen und sich auf die verhungernden Aktivitäten zu fokussieren und endlich zu starten. Sie orientieren sich dabei an ihrem *Purpose*, ihren *Prinzipien* und an ihrer gewünschten *Struktur* der Zusammenarbeit.

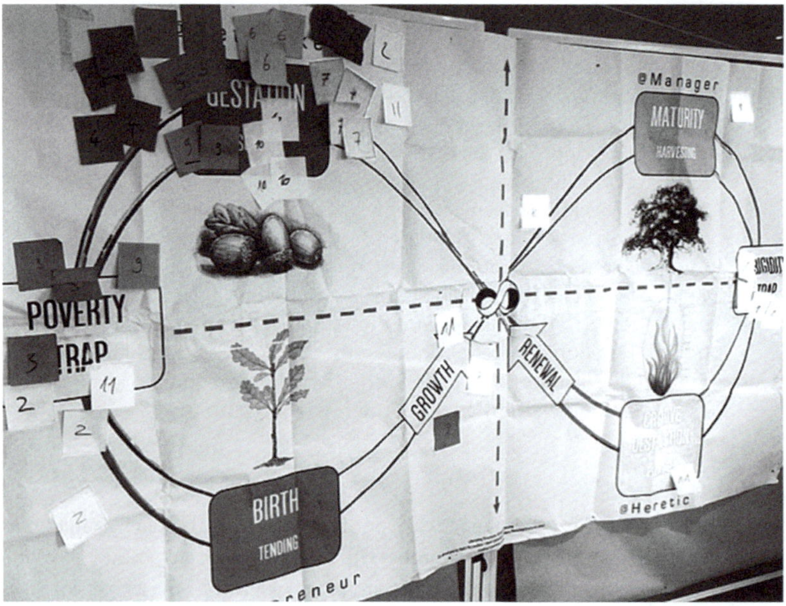

Bei den *Praktiken nach außen,* dem Produktportfolio, verhält es sich genau andersrum. Hier bekommen die Beteiligten einen kleinen Schock. Denn die Gruppe arbeitet an vielen, genauer gesagt viel zu vielen, Dingen gleichzeitig, während so gut wie nichts davon reif ist. Das war niemandem so richtig klar und dient als Augenöffner für viele im Team.

Die neu gewonnene Transparenz hilft dem Team, einige Praktiken zurückzustellen und sich erstmal auf realistisch wenige zu fokussieren. Nach den beiden gemeinsamen Tagen ist nun jeder bereit, Zugeständnisse zu machen und eigene Aufgaben zurückzustellen. Insbesondere solche, die nicht auf den Purpose einzahlen. Außerdem herrscht nun Klarheit über die Aufgaben der anderen und es entsteht ein ausbalanciertes Portfolio.

Als Abschluss reflektiert die Gruppe mit einem **What, So What, Now What?** die beiden Tage und nimmt sich konkrete erste Schritte als Hausaufgaben mit auf den Heimweg.

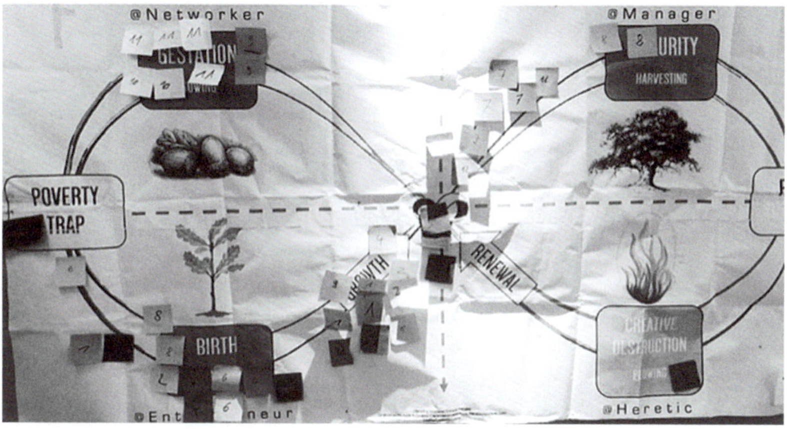

Involvierte, engagierte Teilnehmende, ein attraktiver Purpose, viel Gelächter. In Summe eine runde Sache, nach der alle erschöpft waren, aber auch glücklich über das Erreichte! Das Purpose-Statement wird später als Riesenbanner im Teamraum aufgehängt. Wie oben schon gesagt: ob Außenstehende mit diesem Satz etwas anfangen können, sei mal dahingestellt, aber die Teammitglieder werden sich immer an die zwei tollen Tage an der Ostsee erinnern und dieses gute Gefühl und das Erlebte mit in ihren Alltag integrieren.

Eine Vision hätte höchstwahrscheinlich nicht den gleichen vereinigenden Effekt erzielt. Ein Zielbild ist weniger gut geeignet, Prioritäten und Fokus zu generieren, und die essenzielle Frage nach dem Warum, die der eigentliche Antrieb für die Arbeit ist, wäre nie gestellt worden.

Das Fazit für uns? Ein erfolgreicher Mehrtages-Workshop ist mit Liberating Structures nicht mehr ein Ritt ins Ungewisse. Die Strukturiertheit und die Möglichkeit, durch gut vorbereitete Einladungen die Richtung zu lenken, hilft allen. Und die Erfahrung zeigt auch, dass immer Unvorgesehenes geschehen wird und man mit einem guten Plan schnell in der Lage ist, den Ablauf anzupassen, ohne den roten Faden zu verlassen oder hetzen zu müssen.

Und: Zu zweit ist immer mehr als allein!

8.

Gemeinsam Neues in die Welt bringen

Wie schaffen wir es, die Schwarmintelligenz der Gruppe zu nutzen, um zeitnah auf neue Herausforderungen oder Chancen zu reagieren und schlagkräftige Ideen zu entwickeln?

Wir und alle um uns herum lernen und entwickeln ständig neue Fähigkeiten in der Auseinandersetzung mit veränderten Bedingungen. Permanent entwickeln wir dabei neue Ansätze, um Herausforderungen zu meistern und veränderte Rahmenbedingungen als Chancen zu nutzen. Ohne Ideen und neue Impulse herrscht Stillstand. Wenn wir neue Rahmenbedingungen ausblenden und uns abkoppeln von der Welt um uns herum, müssen wir uns trotzdem irgendwann anpassen und reagieren – die komfortable Ausgangssituation, in der wir viele Handlungsoptionen haben und selbst Akteure sind, haben wir dann verpasst.

Organisationen haben verstanden, dass Ideenentwicklung nicht nur etwas für Kreative ist, und suchen nach Wegen, das Potenzial der Menschen, die ihrer Organisation angehören, dafür einzubinden.

Vielfach stehen der angestrebten Schwarmintelligenz noch tief eingeschriebene Muster im Weg: anstatt aufeinander aufzubauen oder Dinge erst einmal so stehen lassen, versuchen wir, unsere eigene Idee zu verteidigen oder die Vorschläge der anderen zu zerpflücken. Statt unseren Blick zu weiten und diejenigen einzubeziehen, für die wir Lösungen oder Produkte entwickeln, trauen wir Menschen ohne unsere Expertise nicht zu, sich wirklich einbringen zu können. Statt immerzu wach und beweglich für sich neue bietende Gelegenheiten zu sein, verbannen wir Kreativität in Innovationsworkshops, die abgekapselt von der Unternehmenswirklichkeit unter teils großem Erwartungsdruck Ergebnisse liefern sollen. So entwickeln wir Produkte am Bedarf vorbei und verwenden viel mehr Zeit und Energie, als eigentlich nötig wäre.

Struktur und Kreativität müssen kein Widerspruch sein. Indem Liberating Structures die Dynamik der Beteiligten und den Prozess der gemeinsamen Ideenentwicklung strukturieren, entsteht Freiraum für Neues – wir können unseren Einfallsreichtum darauf verwenden, auf Ideen aufzubauen, wir erlangen eine entspanntere Haltung gegenüber Ambivalenzen, Widersprüchlichkeiten oder Interpretationen und nutzen sie als Anregungen für unsere Kreativität. Sind wir sonst eifersüchtig darauf bedacht, dass unser wohl durchdachter Vorschlag Gehör findet und verwenden viel Energie darauf, ihn zu verteidigen, ist die gemeinsame Ideenentwicklung mit Liberating Structures lebendig und gibt uns Energie. Diese Energie hilft uns dabei, immer wieder unsere derzeitigen Praktiken und Arbeitsergebnisse zu hinterfragen und offen für Innovation zu bleiben.

In den Geschichten dieses Kapitel könnt ihr lesen, mit welchen Strukturen ihr das Neue in die Welt bringt und dafür sorgt, dass gleich das nötige Momentum für die Umsetzung entsteht. Ihr erfahrt, wie an die Stelle von

Hickhack und Kleinrederei engagierte Zusammenarbeit und gemeinsame Weiterentwicklung treten. Ihr lernt Strukturen kennen, die viele Personen gleichzeitig involvieren. Übliche Muster bei Innovation und Ideenentwicklung, beispielsweise, dass dominante Charaktere ihre Ideen durchzudrücken versuchen oder stille Menschen sich gar nicht erst einbringen, werden durchbrochen. Ihr werdet sehen, dass Liberating Structures dabei wunderbar mit anderen Methoden wie Brainwriting, Mindmapping oder Design Thinking kombiniert werden können bzw. die Gruppendynamik innerhalb der einzelnen Schritte positiv ausgestalten.

Indem ihr Liberating Structures nutzt, um gemeinsam Neues zu entwickeln, füllt ihr das Liberating-Structures-Prinzip „Habt ernsthaften Spaß miteinander und seid neugierig" mit Leben.

Sie helfen euch dabei, die Angst vor dem weißen Blatt Papier zu verlieren und den/die innere/n Kritiker:in zum Verstummen zu bringen. Mit Liberating Structures kommt ihr in Schwung: ihr erlebt, dass Widersprüche und Ambivalenzen eure gemeinsame Kreativität anregen können. Liberating Structures helfen euch dabei, das Muster „Entweder oder" zu verlassen. Statt eines Austausch, in dem es nur eine richtige Antwort gibt, findet ihr hinein in die gemeinsame Exploration und baut aufeinander auf.

"Liberating Structures locken die Expertise einer Gruppe hervor und machen sie nutzbar."

Caterina Reinker
setzt Liberating Structures in Meetings, Workshops und Konferenzen ein, um mit den Fragetechniken neue Erkenntnisse zum Vorschein zu bringen. Dabei spielt es keine Rolle, ob die Teilnehmenden sich bereits kennen oder das erste Mal zusammenarbeiten.

Rückenwind für gemeinsame Ideen

Ich bin schon einige Stunden vor den 30 Teilnehmenden da. Ich sortiere meine Unterlagen, hänge Materialien auf und arrangiere die Möbel im Raum. Heute ist der erste Tag einer Key User Konferenz von Softwarenutzer:innen bei der DER Touristik Deutschland mit dem Ziel, den Austausch zwischen IT-Abteilung und Anwender:innen zu fördern. Es ist ein jährliches Event, bei dem ich das zweite Mal als Moderatorin und Organisatorin dabei bin.

Es geht los: Stimmengewirr in unterschiedlichen Sprachen, die von mir arrangierten Möbel werden teilweise wieder umgestellt. Die ersten Laptops und Smartphones kommen auf die Tische. Der Kaffee riecht gut.

Ich frage mich: Wie werde ich die Aufmerksamkeit der Teilnehmenden erlangen? Wie zeige ich ihnen, dass das IHRE Konferenz ist? Wie schaffe ich es, dass aus den Ideen nachhaltige Aktionen werden?

Die Aufmerksamkeit erhalte ich mithilfe einer Klangschale, mit der ich mir sanft Gehör verschaffe. Mit der Liberating Structure 25/10 Crowd Sourcing möchte ich die Teilnehmenden zum Mitmachen animieren. Ein paar Verbündete unter den Teilnehmenden helfen mir dabei, die Gruppe zusammenzuhalten.

Manche der Teilnehmenden kennen sich seit vielen Jahren, einige sind neu mit dabei. Alle haben eine ganz unterschiedliche Erwartungshaltung an die Konferenz. Zu diesem Zeitpunkt deckt die Software nur einen Teil der Anwendungsfälle ab. Die Key User können sie noch nicht als Gesamtlösung nutzen. Manche erhoffen sich daher eine fertige Gesamtlösung der Software am Ende der zwei Tage, andere erwarten hingegen einen Fokus auf den persönliche Austausch.

Die unterschiedlichen Hintergründe der internationalen Truppe sind in der Zusammenarbeit eine der größten Herausforderungen. Neben Türkisch, Griechisch, Spanisch und Deutsch nutzen wir gemeinsam Englisch als Fremdsprache. In der alltäglichen Zusammenarbeit im vergangenen Jahr konnte ich häufig beobachten, wie durch die unterschiedlichen kulturellen und beruflichen Hintergründe in der Gruppe häufig Missverständnisse entstehen. Über den gemeinsamen Austausch vor Ort kommt es zu ersten Aha-Effekten: Die Key User stellen fest, dass sie gleiche Vorgänge unterschiedlich bearbeiten. „Ach, ihr macht das gar nicht genau so wie wir?". Die Softwareentwickler:innen merken erstaunt: „Ihr nutzt dafür eine händisch gepflegte Excel-Tabelle und nicht unsere App?".

Für mich als Organisatorin der Konferenz ist das Ziel, den Austausch zwischen den Entwickler:innen und den Nutzer:innen der Software zu befruchten. Das Entwicklungsteam soll ein besseres Verständnis für die Bedürfnisse der Key User entwickeln. Die Key User sollen verstehen, wie die Software-Entwicklungsteams entscheiden, welche Funktionalitäten umgesetzt werden und welche nicht. Ich möchte das Gefühl vermitteln, dass wir alle an einem Strang ziehen. Und ich persönlich möchte mir die Erfahrungen des Vorjahres zunutze machen: Wie schaffen wir es, die Energie der Konferenz auch in den Wochen und Monaten danach zu konservieren, um im Arbeitsalltag davon zu profitieren?

Für das **25/10 Crowd Sourcing** stehen alle auf, um sich im Raum zu bewegen. Gleichzeitiges Arbeiten am Laptop ist nicht möglich. Das hilft, die Aufmerksamkeit für eine Stunde auf die innovative Kraft der Ideen aus der Gruppe zu lenken.

> *Was ist deine kühnste Idee, um unsere gemeinsame Arbeitserfahrung zu verbessern? Was ist der erste Schritt?*

Ich fordere die Gruppe auf, ihre Idee auf einer Karteikarte zu notieren. Hier hilft es, die Teilnehmenden zu bitten, leserlich zu schreiben.

Ich habe mich für **25/10 Crowd Sourcing** entschieden, weil die Struktur es zulässt, sehr viele Personen gleichzeitig zu involvieren. Ziel ist, die zehn Ideen mit der größten Umsetzungsenergie zu identifizieren. Jede Idee erhält ihren Raum, der Austausch und die Bewertung der Ideen erfolgen ohne Verzerrungen, beispielsweise durch persönliche Seilschaften oder Hierarchien. Die Erfahrung, die Reputation und der Status Einzelner spielt für die Bewertung der Idee keine Rolle. Durch die Bewegung im Raum ist die Methode aktivierend und fokussiert. Durch die Struktur erhalten die dominanten und zurückhaltenden Charaktere Kommunikationschancen auf Augenhöhe.

Verwendete LS

25/10

25/10 Crowd Sourcing

Die Teilnehmenden bewegen sich mit ihrer auf Papier festgehaltenen Idee frei durch den Raum, bis sie den Ton der Klangschale hören. Sie tauschen dabei immer wieder ihre Karteikarten mit der Person aus, die ihnen jetzt am nächsten ist. Jede:r bewertet die Idee auf der Karteikarte auf einer Skala von 1 bis 5, die er oder sie jetzt gerade in der Hand hält (1 „nicht mein Ding" bis 5 „super gut und unterstütze ich") und notiert das Ergebnis auf der Rückseite der Karte. Die Karten werden nicht namentlich durch den/die Urheber:in gekennzeichnet, sondern die Idee bleibt anonym. Eine indirekte Beeinflussung der Bewertung durch Meinungsmacher in der Gruppe wird verhindert, weil die Teilnehmenden durch die Bewegung im Raum und das Durchmischen der Karten nicht nachvollziehen können, von wem welche Bewertung oder Idee kommt. Es gibt fünf Bewertungsrunden. Danach wird ausgewertet.

Da diese Art von Struktur neu für die Gruppe ist, ist es insbesondere wichtig, die Teilnehmenden bei der Erklärung der Methode an die Hand zu nehmen und Lust auf das Ausprobieren zu machen.

Nach einer guten halben Stunde haben wir eine Pinnwand mit den 10 besten Ideen für alle sichtbar im Raum hängen. Alle sind sich einig: „Die Ideen, die da jetzt hängen, die sollten wir WIRKLICH umsetzen." Wir clustern die Themen nochmal, da es ein paar Ideen gibt, die sich sehr ähnlich sind oder sich gut ergänzen. Für die fünf kondensierten Ideen suchen wir direkt an Ort und Stelle Personen, die sich um die Umsetzung kümmern. Ohne viel Motivationsansprachen von meiner Seite finden sich Personen aus dem Entwicklungsteam mit Key Usern zusammen, um gemeinsam die Umsetzung der Ideen anzugehen. Im Vorfeld hatte ich mich darauf eingestellt, mithilfe meiner Verbündeten unter den Teilnehmenden die Gruppenbildung anzuregen. Das ist aber gar nicht nötig.

Am Ende höre ich von den Teilnehmenden Sätze wie: „Wow, wie schnell wir zu einem Ergebnis gekommen sind!", „Wir haben uns heute wirklich gehört gefühlt." und „Ich kann hier ja wirklich was beitragen!"

Nachhaltig verändert hat sich die Kommunikationshaltung unter den Teilnehmenden. In den Wochen und Monaten nach der Konferenz kann ich beobachten, wie die Kommunikation zwischen Entwicklungsteam und Key Usern deutlich an Geschwindigkeit und gegenseitigem Verständnis zunimmt. Anfragen werden schneller beantwortet, wir greifen schneller zum Telefonhörer und insgesamt hat sich die Kooperationsbereitschaft positiv entwickelt. Die Top-Idee eines Job-Exchange können wir letztlich nicht umsetzen. Profitiert haben wir von der Idee trotzdem. Sie hat aufgedeckt, wie wenig wir von der täglichen Arbeitsrealität der anderen wissen. Dadurch haben wir ein größeres Gespür dafür entwickelt, in der alltäglichen Zusammenarbeit genauer zu beschreiben, wie die eigenen Arbeitsabläufe aussehen. Das hilft uns, besser zu verstehen, welche Herausforderungen der oder die andere hat, was im Rahmen der Möglichkeiten liegt – und was eben auch nicht.

Auch im vergangenen Jahr war die Motivation hoch, im Anschluss an die Konferenz im engen Austausch kreativ zusammenzuarbeiten. Jedoch hielt diese Motivation nicht lange an und der Austausch flaute nach wenigen Wochen wieder ab. Unter anderem durch **25/10 Crowd Sourcing** haben wir es diesmal geschafft, die Energie aus der Konferenz auch im Anschluss noch lange aufrecht zu erhalten. Drei Aspekte haben uns hierbei besonders geholfen: (1) die Teilnehmenden haben freiwillig konkrete Verantwortung für eine Idee übernommen; mit dem ersten Umsetzungsschritt konnten sie direkt loslegen. (2) Die Partner:innen für die Umsetzung der Idee sind unmittelbar als Sparringpartner:innen greifbar. (3) Die gesamte Gruppe ist Zeuge der übernommenen Verantwortung und übt einen sanften sozialen Druck aus, dieser Verantwortung auch nachzukommen. Zusätzlich kann z. B. bei Scrum Teams das Sprint Review oder andere gemeinsame Events genutzt werden, den Fortschritt dieser Ideen weiter zu verfolgen.

Der nachhaltige Erfolg ist nicht nur zurückzuführen auf die *Idee* zur Verbesserung der gemeinsamen Arbeitserfahrung, sondern auch auf das *gemeinsame* Verbessern mit Personen, mit denen wir bisher nur wenig direkten Austausch hatten. Die Struktur schafft somit den Raum, um sich nachhaltig persönlich zu verbinden.

Die Arbeit mit den Liberating Structures zeigt mir immer wieder, wie viele tolle Ideen in einer Gruppe schlummern. Ideen, die ohne eine Struktur vermutlich nicht zum Vorschein gekommen wären und nicht nur von einzelnen Personen, sondern von einer größeren Gruppe getragen werden. **25/10 Crowd Sourcing** ermöglicht es, Ideen zu Tage zu fördern, die innovativ sind. Der erste Schritt macht auch die kühnsten Ideen greifbar. **25/10 Crowd Sourcing** ist für mich das Tool der Wahl, um Rückenwind für gemeinsame Ideen zu generieren. Größere Gruppe werden gemeinsam konstruktiv kreativ und auch Skeptiker:innen kann ich damit von spielerischen Methoden überzeugen, die Spaß *und* Mehrwert bringen.

„Liberating Structures sind für mich die Kunst der echten Co-Kreation zwischen Individuen und Gruppen, die die Kraft der kollektiven Intelligenz freisetzt."

Susanne Taylor
setzt Liberating Structures in Retrospektiven und zum Teambuilding ein, in Meetings mit der gesamten Organisation und im persönlichen Coaching.

„Liberating Structures sind für mich die Möglichkeit, verschiedenste Charaktere und Persönlichkeiten gleichberechtigt einzubinden."

Birgit Nieschalk
setzt Liberating Structures in ihren Workshops und Trainings zur Teamkollaboration ein und ermöglicht damit echte Zusammenarbeit.

Ein Caravan mit Aussicht

Unglaublich! Wir sind tatsächlich hier. Nach vielen Monaten, in denen wir wegen des Lockdowns Abstand gewahrt und aus der Ferne zusammengearbeitet haben, wollen wir wieder alle zusammenbringen und verbinden. Wir befinden uns in einem wunderschönen Fachwerkhaus mit Blick über Salzburg. Klirrende Gläser und aufgeregtes Geplapper. Das jährliche Offsite von Gini, einem mittelständisches FinTech-Unternehmen mit Sitz in München, ist ein sehr wichtiges Ereignis für das gesamte Team. Dieses Jahr ganz besonders, denn das Team ist nach mehreren Monaten das erste Mal wieder zusammen, und zwar nicht über Zoom, sondern in einem richtigen echten Raum. Man spürt die Freude, die Neugierde, aber auch ein bisschen die Anspannung.

Gini ist ein Unternehmen ohne Chefs oder Manager, organisiert in funktionsübergreifenden Teams in einer Mischung aus Holacracy und einer eigenen Art von Selbstmanagement. Das funktioniert am besten, wenn die Ginis (so nennen sich die Teammitglieder liebevoll selbst) die Möglichkeit haben, sich auszutauschen und miteinander zu verbinden und persönliches Vertrauen aufzubauen. Die jährliche Teamklausur, bei der das gesamte Team zwei Tage zusammen an einem Ort außerhalb des Büros verbringt, ist ein wichtiger Baustein dabei.

Also versammeln wir 30 Leute in einem großen Raum mit hohen Decken und viel Platz zum Gedankenaustausch. Weitere sieben Kolleg:innen sind remote dazugeschaltet und per Projektion zu sehen. Der Raum ist voll von Menschen, die sich Autonomie wünschen und sich sehr dafür engagieren, wie das Unternehmen geführt wird. Die Mitarbeiter:innen in diesem Team sind es gewohnt, dass man sie bittet, zu organisatorischen Verbesserungen beizutragen und sie dazu einlädt, diese zu leiten. Liberating Structures passen zu diesem Team perfekt, denn sie helfen uns sicherzustellen, dass das Engagement hoch bleibt und wirklich alle Stimmen einbezogen werden.

Nachdem wir uns am ersten Tag mit den bisherigen Erfolgen und zukünftigen Strategie beschäftigt haben, geht der Blick am zweiten Tag nach innen. Heute wollen wir die Formate und Strukturen des Unternehmens unter die Lupe nehmen, die die Organisationskultur besonders prägen. Es sollen Verbesserungsmöglichkeiten gefunden werden für die Termine und Formate (Artefakte), die regelmäßig genutzt werden. Zwei Beispiele für diese Artefakte sind der monatlich stattfindende Open Space, in dem Wissen geteilt wird oder einfach die Themen diskutiert werden, die aktuell relevant sind, oder die „Supergini-Stories“, bei denen Kolleg:innen über kleine und große Erfolge berichten.

Uns als das Moderationsteam, Susanne als Firmeninsiderin und Birgit als neutrale Unterstützerin mit frischer Perspektive, ist bei der Gestaltung dieses Teils wichtig, die langen To-do-Listen zu vermeiden, die sonst oft am Ende eines Firmen-Offsite anfallen. Die Ginis sollen nicht mit mehr Arbeit abreisen, sondern vor allem das Verständnis der verschiedenen Artefakte schärfen, den jeweiligen Sinn und Zweck reflektieren, würdigen, was bereits hilfreich ist, und kleine Dinge verfeinern.

Dazu nutzen wir die Liberating Structure **Caravan** (oder auch **Consulting Caravan** genannt), eine Struktur, die noch in Erprobung ist und die Ideen aus **Wise Crowds** & **Shift and Share** vereint. Wir wollen damit die Intelligenz der Gruppe anzapfen und allen Teammitgliedern die Möglichkeit geben, zu den ausgewählten Formaten Ihre Ideen beizutragen.

Verwendete LS

Caravan = **Wise Crowds** & **Shift and Share**

Los geht's. Für jedes Format haben wir eine Station mit dem Namen des Artefakts und viel Platz zum Festhalten der Gedanken vorbereitet. Wir bitten die Ginis, dass sich zu jeder Station eine Person findet, die während des Prozesses die Station verantwortet und die Ergebnisse zusammenhält. Ab jetzt kommt Bewegung in den Raum. Die Teilnehmenden können sich eine Station aussuchen, an der sie beitragen möchten. Alle sind eingeladen, für 10 Minuten an dieser Station zu diskutieren und Ideen zur Verbesserung im kommenden Jahr einzubringen. Alles wird mit Post-its an der Station festgehalten, und der/die Verantwortliche der Station achtet darauf, dass alle Anwesenden sich einbringen können. Alle Ginis, die remote dazugeschaltet sind, haben einen Buddy im Raum, der mit einem mobilen Gerät oder Laptop per Videochat dafür sorgt, dass sie in die Gespräche integriert werden. Der Raum vibriert von all diesen Stimmen.

Nach 10 min werden die Gruppen gewechselt. Jede:r Teilnehmende sucht sich eine neue Station. Die jeweils Verantwortlichen stellen kurz das Thema vor und fassen die Ergebnisse der vorherigen Gruppen zusammen. In insgesamt drei Runden können die Teilnehmenden sich so vor allem in den Bereichen engagieren, die ihnen am Herzen liegen.

Am Ende der drei Runden zieht die gesamte Gruppe gemeinsam von Station zu Station, an denen die Stations-Verantwortlichen die Ergebnisse kurz und knapp zusammenfassen. Wenn man sich im Raum umschaut und die sechs Stationen mit all den Notizen und Post its sieht, sind alle erstaunt und stolz darauf, wie viel sie gemeinsam in nur 45 Minuten erreicht haben.

Nicht jedem der Teammitglieder war vor dem **Caravan** für jedes Artefakt klar, warum es existiert. Nun, nachdem jede:r beteiligt war, es zu hinterfragen und zu optimieren, merken wir bereits jetzt an den Kommentaren und Fragen deutlich das Interesse daran, die Optimierungsvorschläge umzusetzen.

Wir rechnen sogar damit, dass zukünftig mehr Teammitglieder an den Veranstaltungen teilnehmen, um zu erleben, wie ihre Ideen integriert wurden, und zu sehen, welche Auswirkungen ihre Ideen hatten und ob ihre Bedürfnisse berücksichtigt wurden.

Und tatsächlich: Nach dem Offsite ergreifen mehrere Ginis die Initiative, um sicherzustellen, dass die besprochenen Verbesserungen integriert werden. Die Struktur half nicht nur bei der Entwicklung von Verbesserungsvorschlägen im Moment, sondern wirkt auch nach der Teamklausur nach, indem sich die Teammitglieder mehr mit den Formaten verbunden haben.

Für uns beweist es erneut, woran wir fest glauben: Es zahlt sich immer aus, alle zusammenzubringen, zu beteiligen und dafür zu sorgen, dass alle Stimmen gehört und integriert werden.

> **"*Liberating Structures ermächtigen Menschen, miteinander Schritt für Schritt neue Erfahrungen zu machen.*"**

Ina Zukrigl-Schief
setzt Liberating Structures in Workshops und Events zur Strategieberatung und Prozessbegleitung ein.

Wie das Twitter-Stakkato lebendig wird

Wie werden Stimmen der deutschen Zivilgesellschaft in den internationalen Organisationen der UNO hörbar und wirksam? Im Herbst 2019 trifft sich erstmalig das Internet Governance Forum (IGF) in der deutschen Hauptstadt – eine seltene Chance für zivilgesellschaftliche Vertreter:innen, als Teilnehmende und Sprecher:innen in einem UN-Greminum persönlich Aufmerksamkeit für ihre Belange zu erhalten. Kollaboration und die Abstimmung gemeinsamer Aktionen sind erforderlich, um angesichts begrenzter Ressourcen wirksam zu werden.

Teilnehmende, die der Einladung zu solch einem Event folgen, sind in der Regel inhaltlich motiviert: Neugier, der Wunsch nach Wirksamkeit und die Chance auf Teilhabe sind starke Treiber für zivilgesellschaftliche Organisationen, dem Aufruf der deutschen Wikimedia-Sektion und des betterplace lab zu einem Vorbereitungstreffen des IGF zu folgen.

Im politischen Kontext sind es Vertreter:innen von Organisationen gewöhnt, Vorhaben zu diskutieren und ihre Umsetzung zu planen. Der anfängliche thematische Austausch zu Erfahrungen und Positionen kommt an diesem Tag daher mühelos ins Fließen, die Beiträge sind scharfsinnig, wortgewandt und strukturiert. Business as usual in der Zusammenarbeit.

Mit 25/10 Crowdsourcing beginnen wir, die gewohnten Pfade zu verlassen. *Entwickelt und beurteilt schnell die kraftvollsten und machbarsten Ideen einer Gruppe,* heißt es im Menü der Liberating Structures zu dieser Struktur. Auf die Einladung nach mutigen und verrückten Ideen, die Aufforderung, auch das Undenkbare zu denken, landen teilweise ganz frische Ideen auf dem Papier. Unter musikalischer Begleitung werden diese von mehreren Teilnehmenden bewertet und so gemeinsam priorisiert.

Kaum 20 Minuten später versammeln wir uns um die Ideensieger. Um sich beim IGF gemeinsam Gehör zu verschaffen, könnten zum Beispiel ein Open Mic Flashmob, ein Twitter-Staccato oder die Beschallung der WCs mit den Stimmen von Betroffenen entwickelt werden.

Jetzt wird es Zeit, die Umsetzung dieser Ideen auszuarbeiten und eine Realisierung zu eruieren. Dafür habe ich die Struktur des **Improv Prototyping** gewählt. „Improv" leitet sich von Improvisation ab, „Prototyping" hat sich als Begriff für das Entwickeln eines Verfahrens oder Modells durchgesetzt, das nach Feedback aus dem System oder von den Anwender:innen und Kund:innen immer wieder angepasst und getestet wird. Aus dem Improvisationstheater inspiriert, nutzt das Prototyping spielerische Kreativität und Varianz, um die Tragfähigkeit von Ideen zu testen.

Als ich das Vorgehen der Struktur erläutere, wird es kurz still im Raum. Die Teilnehmenden sind spürbar überrascht darüber, wie sie im nächsten Moment arbeiten sollen. Statt wie gewohnt die Umsetzung einer Idee auf Papier zu planen, Maßnahmen zu erwägen und Strategien zu verargumentieren, sind alle aufgefordert, eine Rolle zu übernehmen. Jede Gruppe bestimmt eine:n Regisseur:in, die/der den Spielverlauf steuert. Der/die Regisseur:in liefert die Grundlage des zu spielenden Geschehens in der ersten Runde, die Mitspieler:innen geben aus ihrer Rolle heraus Rückmeldung, andere betrachten als Zuschauer:innen das Gesamtgeschehen.

Die unterschiedlichen Rollen von Regisseur:in, Mitspieler:in und Zuschauer:in sorgen für Multiperspektivität und stoßen immer neue Varianten an. Hakt es an einer Stelle des szenischen Verlaufs, so wird dieser ad hoc abgewandelt. Jede:r Beteiligte ist gefordert, sich hineinzudenken, auszuprobieren und wieder loszulassen. Während der/die Regisseur:in die Szene anregt, improvisieren die Mitspieler:innen. Die Zuschauer:innen sorgen mit ihrem Blick von außen dafür, dass die Vorstellungen glaubwürdig bleiben.

Eine Gruppe nimmt sich vor, den Toilettenbesuch als Gelegenheit zu wählen, um Aussagen von Hate-Speech-Betroffenen per Lautsprecher vom Band einzuspielen. Zwei Personen simulieren den Toilettenbesuch, andere die Stimmen „aus dem Off". Immer wieder variieren sie den Ort des Audio-Spektakels. Fragen werden laut, ob die WCs nicht zu intim sind, auch Einspielung und die Dauer der Audiobotschaften werden in unterschiedlicher Länge ausgetestet. Ein Zuschauer beobachtet unentwegt die Reaktionen der anderen Konferenzgäste und gibt diese Beobachtungen an den/die Regisseur:in. Von einem Zuschauer kommt der wertvolle Hinweis, wie die technische Umsetzung in mehreren WCs gelingen könnte.

Verwendete LS

25/10 Crowd Sourcing

Improv Prototyping

Eine andere Gruppe möchte das zur Konferenz geplante Format der Open Mic-Session nutzen, um für die Forderungen der jungen IGF-Gruppen Aufmerksamkeit zu erregen. Dafür stellt sich ein Teilnehmer ans Mikrofon, das Publikum wird mit Stühlen nachgestellt. Im Raum verteilen sich Jugendliche und stehen nacheinander als Stimmverstärker während des Beitrags stumm auf. Die Verprobung geht hin und her zwischen einer stimmlichen Variante und einer stummen Performance. Am Ende folgt die Überraschung unter den Teilnehmenden, wie wenig Ausstattung es brauchte, um Imagination im Raum herzustellen.

Durch die verschiedenen Rollen des **Improv Prototyping** (Regisseur:in, Mitspieler:innen und Zuschauer:innen) gelingt Perspektivenvielfalt, die wiederum für immer neue Varianten sorgt. Die Rollen verteilen die jeweiligen Gruppen unter sich. Hakt es an einer Stelle des szenischen Verlaufs, so wird dieser ad hoc abgewandelt. Jede:r Beteiligte ist gefordert, sich hineinzudenken, auszuprobieren und wieder loszulassen. Während der/die Regisseur:in die Szene anregt, improvisieren die Mitspieler:innen. Der Blick der Zuschauer:innen sorgt für einen Abgleich der Glaubwürdigkeit. Innerhalb einer Stunde erleben die Teilnehmenden ihre kraftvollsten und machbarsten Ideen in Aktion und entwickeln einen Prototyp als Grundlage zur Weiterarbeit.

Kopfarbeiter:innen, trainiert im Abwägen von Ideen, greifen gewohnheitsgemäß zu Flipchart und Stift, um Ablauf und Schritte zu besprechen. Im Spiel des **Improv Prototyping** erleben sie stattdessen Dynamik und Überraschungen in Echtzeit. Eine Gruppe versucht den Effekt von massenhaft versendeten Twitter- Nachrichten zu simulieren. Diese sollen politische Positionen in Antwort auf Interviewfragen an teilnehmende Politiker:innen aufgreifen und verstärken, um so im virtuellen Raum Gehör zu finden. Die laut gerufenen Twitter Nachrichten tönen wild durch den Raum und die Szene löst sich im Gelächter auf. Also nochmal. Diesmal simulieren die Teilnehmenden den Domino-Effekt der Twitternachrichten und sprechen nacheinander. Eine neue Runde wirft Fragen nach der Wirkung zeitversetzter Antworten der angesprochenen Politiker:innen und nach den erforderlichen Ressourcen auf. Es werden Zweifel darüber laut, wie diese Aktion bei geringer Beteiligung wirksam werden kann.

Mit jeder neuen Runde werden in allen Gruppen umsetzbare Varianten greifbarer. Am Ende der Zeit zeigt jede Gruppe ihren Prototypen. Wir applaudieren und feiern die Ergebnisse.

Die Dynamik des **Improv Prototypings** sorgt bei den Teilnehmenden gleichermaßen für Lacher und Frust. Eine Idee loszulassen, ist für viele herausfordernd, intuitiv versuchen die Ersten, ihre Idee zu verteidigen. Und hier greift die Magie der Struktur: Da im Ablauf fortwährend gespielt statt verbal zerpflückt und diskutiert wird, werden Loslassen und Abwandeln eingeübt. Im **Improv Prototyping** macht so der Wettbewerb der individuell besten Ideen dem kollektiven Weiterentwickeln einer Idee Platz und vergemeinschaftet die Aktion zu einer von allen getragenen Taktik.

Das **Improv Prototyping** klappt schon bei einem Zeitrahmen von 30 Minuten. Im Workshop hatten die Teilnehmenden 60 Minuten Zeit, um zu improvisieren und einen finalen Prototyp als Grundlage zur Weiterarbeit zu entwickeln. Für umfangreichere Themen mit vielen Betroffenen empfehle ich, mehrere Runden des Prototypings zu durchlaufen.

9.
Sich selbst strukturieren

Wie kann ich Erkenntnisse gewinnen,
indem ich mein Denken besser strukturiere?

Die meisten Liberating Structures könnt ihr auch für euch allein oder privat nutzen. Die verwendete Struktur wird dabei zu eurer Sparringspartnerin, um etwas zu durchdenken, zu klären, Zusammenhänge zu erkennen und eure Vorstellungskraft anzuregen.

Durch ihre Herangehensweise und eine bestimmte Abfolge von Fragen können euch Liberating Structures beim Denken helfen und dabei unterstützen, Gedanken in neue Bahnen zu lenken. Durch hilfreiche Leitfragen wird die Reflexion mühelos. Ihr taucht in kurzer Zeit tief in das Thema ein und habt einen Rahmen für alles, was ihr dazu festhalten möchtet.

Die befreiende Wirkung der Strukturen entfaltet sich hier durch das, was sie verhindern: Schluss mit dem Gedankenkarussell, keine Angst mehr vor dem weißen Blatt Papier, verabschiedet euch von der Vorstellung, dass die Beschäftigung mit euren innersten Beweggründen mühevoll und zeitraubend sein muss.

Schöner Nebeneffekt: Ihr organisiert euch auf diese Weise nicht nur effektiver, sondern bekommt gleichzeitig auch Praxis in der Verwendung der Strukturen, auch wenn ihr sie erst einmal nicht mit anderen anwenden könnt oder möchtet.

Drei erfahrene Liberating-Structures-Praktiker:innen teilen in den Geschichten dieses Kapitels Möglichkeiten, wie ihr die Strukturen für die Navigation der Komplexität des Alltags nutzen könnt und machen euch hoffentlich Lust auf mehr!

Mit befreiender Struktur für Selbstorganisation und Reflexion füllt ihr das Prinzip „Beginne nie ohne klare Absichten" mit Leben, indem ihr in die Tiefe geht und herausfindet, was euch und anderen wichtig ist.

Ihr findet euch nicht mit einem leicht zu benennenden kurzfristigen Ziel ab, sondern investiert in mutige Formulierungen, die die Daseinsberechtigung eures Tuns widerspiegeln. So könnt ihr anderen auf eine Weise begegnen, die auf tieferen Austausch und gegenseitige Befruchtung ausgerichtet ist.

„Liberating Structures sind für mich bestätigend, manchmal inspirierend, oft hilfreich. Und: Ich halte es für zukunftsweisend, kollaborativ an Tools zu wachsen."

Markus Wutzler
setzt Liberating Struktures in der Strategieentwicklung im Rahmen seiner Tätigkeit bei CAMINO Organisationsentwicklung ein – und zur Urlaubsplanung.

Mit Hai an die Ostsee – wie wir mit kritischen Unsicherheiten des Sommerurlaubs umgehen konnten

In dieser Geschichte schildere ich, wie sich die Szenariomethode **Critical Uncertainties** (Kritische Unsicherheiten) niedrigschwellig im privaten Kontext testen lässt, um sie dann im Arbeitsalltag sicherer anzuwenden – oder vice versa …

Es handelt sich um eine kompakte Methode strategischer Vorausschau. Wir erkunden, wie sich schwer vorhersehbare Entwicklungen auf unsere Absichten auswirken. Dabei entstehen vier plastischen Szenarien. Auf diese Zukunftsbilder können wir schließlich unser Handeln abstimmen und Klarheit gewinnen. Nun aber die Story:

Es ist der Tag vor unserem Sommerurlaub. Sonnig-heißes Wetter hält sich stabil im Land, auch über der Ostsee, wo wir ein paar entspannte Tage verbringen wollen. Denn bald ändert sich einiges in unserem Leben: Unser großer Sohn kommt in die Schule und in wenigen Wochen kommt unser zweites Kind zur Welt. Nun sitzen meine Partnerin und ich am Mittagstisch, und zur Urlaubsfreude mischen sich immer mehr Sorgen. Meine Partnerin hat häufig Übungswehen. An manchen Tagen sind es viele, und dann steht die Frage im Raum, ob es nicht doch noch Komplikationen mit dem gedeihenden Familienmitglied gibt. Und das in der ländlichen Weite Mecklenburg-Vorpommerns!? Außerdem erlebt unser großer Sohn eine aufregende Zeit, entsprechend schwankend ist seine Stimmung. Und wir kennen, wie schnell wir uns gegenseitig anstecken und gemeinsam nerven können. Schon einige gemeinsame Urlaube waren „so la la".

Dann kommt sie mir plötzlich in den Sinn, die Methode mit dem Hai-Symbol: **Critical Uncertainties!** Ich hatte ohnehin vor, diese kompakte Szenariotechnik beruflich bei der Entwicklung einer Lobbystrategie für einen Verband einzusetzen. Doch bringt sie wirklich einen Mehrwert gegenüber anderen Methoden? Ich hatte noch komplexere Planungsinstrumente auch schon als wenig hilfreich erlebt. Die fachliche Frage also für mich: Taugt der Hai? Und lässt er sich fluffig und gewinnbringend anwenden?

Da meine Partnerin und ich ohnehin gern Methoden auch privat anwenden, trennt uns nur noch das leere Blatt Papier von der Urlaubsplanung. Zunächst werden Unsicherheitsfaktoren aufgelistet, die zu einem schönen Urlaub beitragen bzw. ihn gefährden. Wir finden elf, z. B. die Stimmung unseres großen Sohnes, ob Urlaubsort und Strand mit Menschen überfüllt sein werden, das Wetter und inwiefern Schwangerschaftskomplikationen auftreten.

Anschließend ermitteln wir die beiden kritischsten Unsicherheiten. Unsere Faktoren bepunkten wir dazu jeweils hinsichtlich zweier Fragen:

- Wie groß ist der Einfluss dieses Faktors auf unser Urlaubsglück? (1–5 Punkte)
- Wie unvorhersagbar bzw. unkontrollierbar ist die Einflussgröße? (1–5 Punkte)

Für die Szenarienentwicklung ist das jeweilige Produkt beider Punktzahlen interessant – Einfluss x Unvorhersagbarkeit. (Die offizielle Dokumentation der **Critical Uncertainties** sieht eine leicht andere Vorgehensweise vor, aber Methoden sind zum Adaptieren da.)

Wir markieren die beiden Einflussgrößen mit den höchsten Produkten. Die beiden zentralen Risikofaktoren bilden die Achsen einer 4-Felder-Matrix. Für jedes Feld der Matrix entwickeln wir je ein Szenario. Für unseren Urlaub sind dies: „Schwangerschaftskomplikationen" (wenig vs. viele) x „Stimmung unseres großen Kindes" (gut vs. schlecht). Jedes so entstandene Feld zeigt ein Szenario. Wir denken und fühlen uns in jedes dieser Zukunftsbilder ein und geben ihnen jeweils einen Titel. Unser Best-case-Szenario taufen wir „Freiheit & Leichtigkeit".

Nun leiten wir Maßnahmen daraus ab, denn darauf kommt es an: Was tun wir, um uns für alle vier möglichen Szenarien abzusichern? Aber auch: Was können wir tun, um wahrscheinlicher in unserem Lieblingsszenario zu landen?

Für unseren mit Sorgen gespickten Sommerurlaub sind das To-dos wie: die Telefonnummer der Hebamme mitnehmen; im Vorfeld zu recherchieren, welche Krankenhäuser und Gynäkolog:innen es bei Komplikationen gäbe; und ausreichend neue Hörspiele für unseren Großen dabeihaben.

Verwendete LS

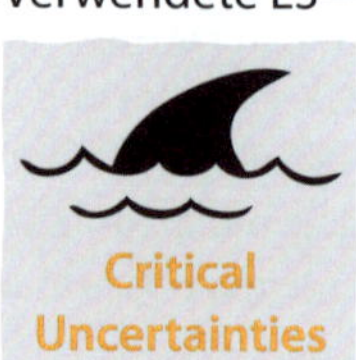

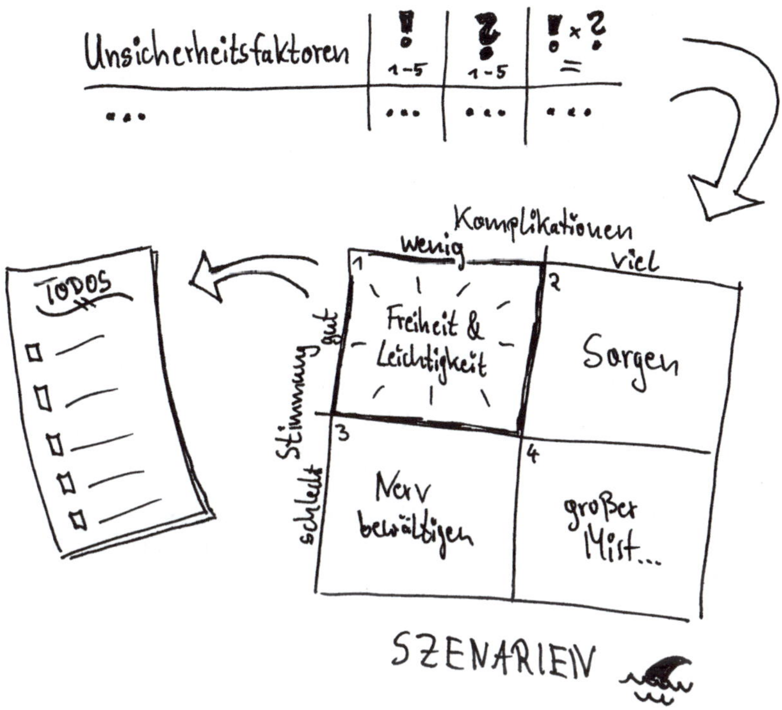

Dank der **Critical Uncertainties** können wir unbeschwerter und gewappneter in den Urlaub fahren, mögliche Entwicklungen im Bewusstsein, aber ohne von Drama auszugehen. Schon allein die gemeinsamen Zukunftssorgen zu teilen und den Umgang damit zu beraten, hat uns geholfen.

Der Einsatz dieser befreienden Struktur in nur 15 Minuten auf der Rückseite eines alten Briefes war dazu definitiv hilfreich. Und mich hat es bestärkt, „den Hai" auch im Arbeitskontext mehr einzusetzen.

Ach ja: Wir hatten übrigens eine erstaunlich gute Zeit an der Ostsee!

„Liberating Structures sind für mich Workshops für eine bessere Welt! Denn so sollte Zusammenarbeit funktionieren: inklusiv, ergebnisorientiert und offen."

Anja Kässner
setzt Liberating Structures in (virtuellen) Workshops zur Selbstorganisation, Ideenfindung, Inspiration und im Bildungs-Kontext ein.

Liebe Grüße ans zukünftige Ich – wie Liberating Structures helfen, den Überblick zu behalten

„Alles klar, bis nächste Woche dann!", und schon hat sie aufgelegt. Die Notizen vom Call schiebe ich für später zur Seite und widme mich schnell wieder dem Angebot, was bis 12 Uhr raus muss. Und um 11:59 Uhr logge ich mich gerade rechtzeitig in einen Zoom Call ein, der mich bis nachmittags beschäftigt. Nur um eine Woche später auf meine Notizen zu schauen und diese mühsam zu entziffern und sinnvoll wieder zusammenzusetzen. So weit, so normal.

In Workshops setzen wir die Inferenzleiter, wie wir sie aus der Struktur **What, So What, Now What? (W3)** kennen, mit Teilnehmenden häufig ein: schrittweise sortieren, was Fakten, was Meinungen, was nächste Schritte sind.

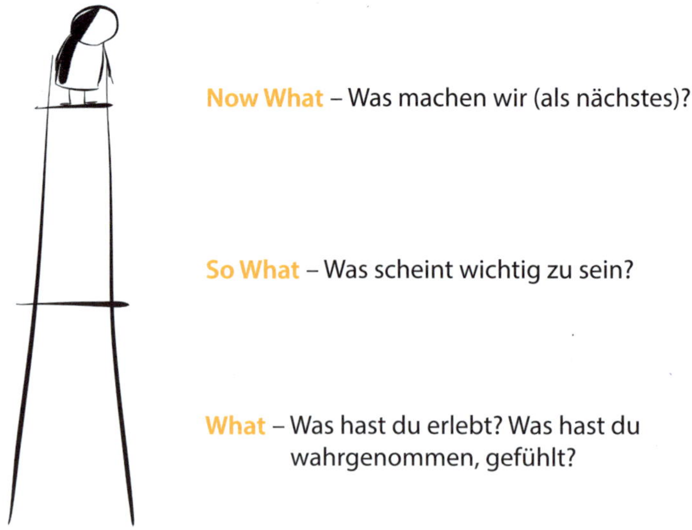

Die Teilnehmenden werden so eingeladen, sich auf eine gemeinsame Geschwindigkeit einzulassen, um ein Geschehnis zu reflektieren.

Als ich also wieder einmal vor meinen eigenen handschriftlichen Notizen sitze und mich frage, ob es sich gerade um wichtigen Kontext oder ein To-do aus dem Telefonat handelt, ärgere ich mich, dass ich das nicht selbst so anwende. Geht das nicht besser?

Klar könnte ich mir irgendein Tool nehmen, um wenigstens das Problem mit der Handschrift zu lösen. Aber das Problem ist ja nicht, wo ich die Dinge notiere, sondern eher deren Struktur. Das klingt viel zu sehr nach Liberating Structures, als dass ich da nicht einmal experimentieren möchte. Nach dem nächsten Telefonat mit meiner Kundin nehme ich mir also fünf Minuten, denn länger braucht es nicht, und notiere mir, was mir gerade gesagt wurde, was ich daraus schließe, und was ich nun konkret tun werde: **What, So What, Now What?** in „ganz klein".

Eine Woche später. Das nächste Telefonat mit meiner Kundin steht an. Ich finde in meinem Notizbuch, was sie mir gesagt hat, was sie braucht und sogar, was ich ihr zwischenzeitlich geschickt hatte.

Herausfordernd war daran ehrlich gesagt überhaupt nichts, im Gegenteil. Ich finde, es ist sogar ein guter Weg, um die Idee einer Struktur wie W3 für sich auszuprobieren und direkt damit loszulegen, ohne erst auf eine gute Gelegenheit mit einer Gruppe zu warten. Klar ist es nicht dasselbe und die eigentliche Struktur in der Gruppe anzuwenden ergibt noch einmal andere Dynamiken! Mich hat es inspiriert, den Kern der jeweiligen Struktur quasi „für den Eigengebrauch" zu nutzen, um Erfahrungen für die eigene Praxis zu sammeln.

Meine W3 im Nachgang zu Telefonaten zu notieren ist mir seit dem ersten Mal direkt ins Blut übergegangen und sorgt definitiv für mehr Ruhe im alltäglichen Meetingwahnsinn. Natürlich geht zwischendrin noch manchmal etwas unter, es geht ja auch nicht ums Überstrukturieren, sondern eben genau um Struktur als Möglichkeit, etwas zu befreien. In meinem Fall ist das zum Beispiel wertvolle Zeit, die ich vor wichtigen Telefonaten sinnvoller nutzen kann.

Verwendete LS

What, So What, Now What?

> ***Liberating Structures geben mir Inhalt und Struktur, um mir die Angst vor dem leeren Blatt Papier zu nehmen und mich auf reichere, tiefere Gedanken zu bringen.***

Anja Ebers
nutzt Liberating Structures nicht nur beruflich als Beraterin für gelingende Zusammenarbeit, sondern auch für regelmäßige Treffen mit Ich, Es und Über-Ich.

Raus aus dem Hamsterrad

Es ist einer dieser Morgen, an dem ich mit dem deprimierenden Gefühl am Frühstückstisch sitze, dass mein heutiges Pensum niemals zu schaffen ist. Vor mir liegt eine beachtlich lange Aufgabenliste. In meinem steifen Nacken sitzen noch einige mehr. Mein Kiefer schmerzt davon, dass ich mich selbst noch in meinen Träumen dort hindurch „gebissen" habe.

Für solche Situationen habe ich mir eine auf den ersten Blick widersprüchliche Routine angewöhnt – statt zu beschleunigen, verlangsame ich. Statt mich in einen Strudel von Geschäftigkeit zu begeben, halte ich inne und verschaffe mir erstmal einen Überblick. Dazu hat sich für mich eine Abfolge zweier Strukturen bewährt:

- **5 x 5 Writing** zur Einkreisung des Themas, das mir auf der Seele liegt, und
- **Ecocycle-Planning**, um wieder den Überblick zu bekommen.

Mit den beiden Strukturen verliert das weiße Papier seinen Schrecken. Und die Durchdachtheit der einzelnen Schritte sorgt dafür, dass nicht eine weitere To-do-Liste dabei herauskommt.

Der Kaffee hat die richtige Temperatur, ich bin ungestört. Ich widerstehe der Versuchung, schnell ein paar Dinge von der Liste abzuarbeiten, lege sie außer Sichtweite und hole mir mein Notizbuch. Das Herausfordernste habe ich gleich geschafft, nämlich die ganze Geschäftigkeit beiseitezuschieben und mir Zeit zum Sortieren zu nehmen.

Mein Notizbuch hat genau das richtige Format und fasst sich gut an, der Stift gleitet angenehm über das Papier. Es lädt förmlich dazu ein, meine Gedanken festzuhalten und tiefer zu gehen! Dieser ansprechende „Ort" für meine Notizen holt mich gleich ein Stück aus dem Hamsterrad heraus.

Beim **5 x 5 Writing** notiere ich ohne großes Nachdenken (ein bis zwei Minuten zu jedem Gedanken) mindestens fünf Aspekte zu fünf Gedanken. Hilfreich für mich ist eine Sammlung von Fragen, die sich für solche Situationen bewährt haben, z. B.:

> *Was sind die leisen und lauten Wahrnehmungen, denen ich momentan meine Aufmerksamkeit schenke? Etwas, das ich angefangen habe …* Oder: *Etwas fehlt. Was ist es?*

Zwei Journalseiten und rund 10 Minuten später trete ich einen Schritt zurück und markiere Worte und Fragmente, die hervorscheinen. Ich finde so mein Thema, dass sich wie ein roter Faden durch meine Notizen zieht – die nagende Unzufriedenheit in meinem Nacken hat einen Namen bekommen, ist fast wie ein kleiner unzufriedener Dämon greifbar. Was mich umtreibt, sind meine vielen lose herumschwebenden Praktiken und Beziehungen rund um Erlebnislernen – ein Angebot meiner Beratungspraxis.

Nachdem ich mich so sortiert habe, kann ich mir das Thema, das mir im Nacken sitzt, mit dem **Ecocycle Planning** genauer ansehen. Dabei erstellt man im ersten Schritt eine unsortierte Liste aller Aktivitäten, Praktiken, Beziehungen rund um das Thema.

Ich bin durch das **5 x 5 Writing** schon aufgewärmt und brauche deshalb nicht einmal fünf Minuten, um rund 15 Aspekte in einer Liste zu sammeln. Ich nummeriere sie durch. Schon habe ich mehr Elan und zeichne schwungvoll eine liegende Acht auf eine Querseite. Die liegende Acht ordnet die einzelnen Phasen eines Lebenszyklus visuell ein: von der Entstehung geht es über ins

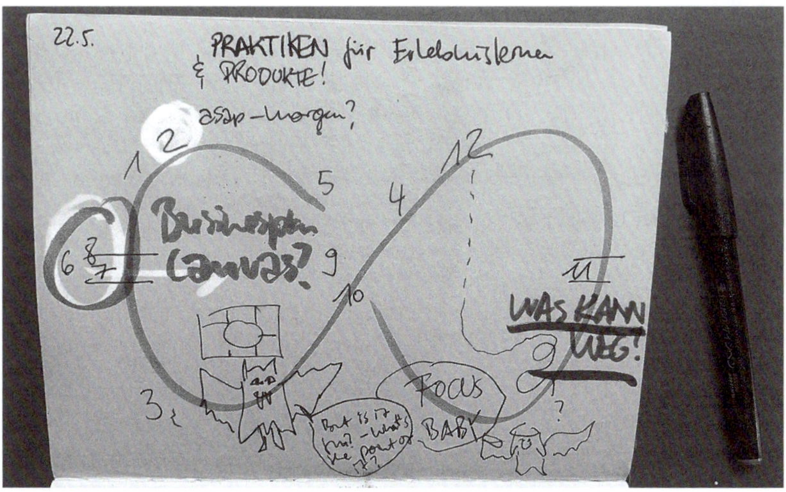

Verwendete LS

5 x 5 Writing

Ecocycle Planning

Wachstum, zur Reife und dann in die kreative Zerstörung, das Vergehen und wieder zum Entstehen.

Ich sortiere die Aspekte, die ich gesammelt habe, und platziere sie auf dem Ecocyle: Ist es eine bewährte Praktik oder Beziehung, aus der ich noch eine Weile schöpfen möchte? Dann schreibe ich die Nummer in den Bereich für alles, das reif ist und geerntet werden kann.

Begleitet mich das Thema schon zu lange, hat es vielleicht ausgedient und ist zu starr? Dann kommt es in die Starrheitsfalle, und ich kann überlegen, ob ich es noch wiederbeleben kann, um noch etwas davon zu zehren, oder es lieber gleich eine Phase des Ecocycles weiterschiebe, in die kreative Zerstörung für alles, das weg muss und Platz für Neues schaffen kann.

Ich schaue, welche neuen Aktionen/Beziehungen mir gerade vorschweben und platziere sie in die Entstehungsphase des Ecocycle. In weiteren knapp zehn Minuten finde ich so heraus, dass einige Praktiken und Beziehungen es nie von der Entstehung bis ins Wachstum geschafft haben – meine Mangelfalle ist rappelvoll!

Ich knöpfe mir vor, was dort steht und frage mich:

> *Was wäre, wenn ich die Idee loslasse? Was würde dadurch für mich freigesetzt? Was würde fehlen? Wenn ich sie nicht loslassen kann, wie möchte ich sie wieder ins Leben holen? Wer oder was könnte mir helfen, welche Entwicklungsmöglichkeiten gibt es?*

Ich beschließe, mir bei einem Thema Hilfe zu holen, lasse eines los und kombiniere das dritte mit einer Aktion, die etwas mehr Momentum hat. Außerdem nehme ich mir vor, beim nächsten Journaling einmal Fragen zu nutzen, die mir bei der kreativen Zerstörung helfen, beispielsweise: *Wenn ich nur aufhören könnte, zu …* oder *Wenn ich damit aufgehört habe, dann kann ich …)*

In knapp einer halbe Stunde habe ich mich sortiert und die nötige Klarheit, mir noch einmal die Aufgabenliste für heute anzusehen. Ich freue mich, nun einiges davon einfach streichen zu können und schaffe so Platz für die Dinge, die ich sinnvoll finde. Das Gefühl, dem Tag ausgeliefert zu sein, hat sich verflüchtigt. Stattdessen bin ich voller Tatendrang und lege los.

In kürzester Zeit und in genau dem Moment, als ich es nötig hatte, haben die beiden Strukturen mir dabei geholfen, mich zu klären. Ich habe bereits eine Idee, welche Liberating Structure ich das nächste Mal nutzen werde! Mein Journal nehme ich wieder häufiger in die Hand, durchblättere es und mache irgendwo weiter – und nicht erst, wenn mein Kiefer schmerzt.

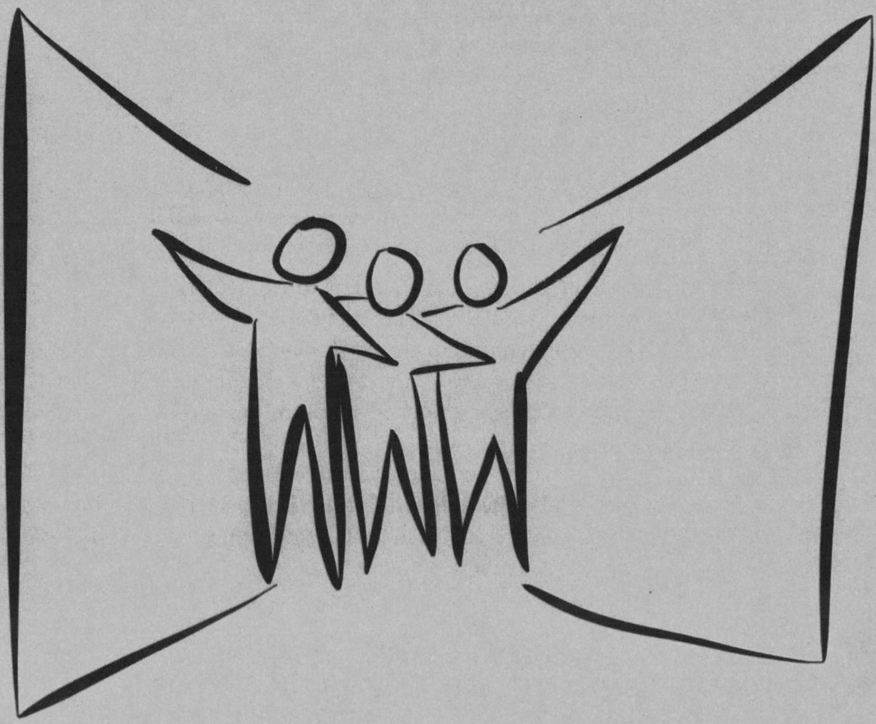

10.
Lernräume schaffen

Wie schaffen wir es, mit Lernräumen eine positive Fehlerkultur zu unterstützen, die Innovationen und den Umgang mit Komplexität fördert?

Unsere Welt wird immer komplexer. Anpassungsfähigkeit an neue Herausforderungen und ständige Veränderung scheinen zu einer wichtigen Kompetenz zu werden. Zusammenarbeit, die auf diktierten Abläufen wie am Fließband beruht – gar mit einer Kontrollinstanz von außen, die Abläufe protokolliert und optimiert –, hat dabei ausgedient. Vielmehr brauchen wir eine Zusammenarbeit, die auf vertrauensvollen Beziehungen zwischen Menschen basiert. Fehler zu machen und schnell daraus zu lernen, streben viele Unternehmen an, um anpassungsfähig und innovativ zu agieren.

Dabei ist jede:r Einzelne gefragt, nach Wegen zur Verbesserung zu suchen, wenn es suboptimal läuft. Und das gelingt nicht allein, sondern im Zusammenspiel mit allen Beteiligten und in einem Umfeld, das Fehler zulässt und Möglichkeiten für das gemeinsame Lernen bietet. Fehlt uns die Möglichkeit, Unzulänglichkeiten anzusprechen oder gemeinsam anzugehen, schwindet unsere Initiative und Eigenverantwortung. Werden Fehler sanktioniert und nicht als Lernräume begriffen, schwindet unsere Bereitschaft, gemeinsam etwas auszuprobieren und weiterzuentwickeln. Wir begeben uns in eine abwartende Unmündigkeit, verlieren uns in Schuldzuweisungen – Veränderung wird zu einer zähen Angelegenheit.

Eine positive Fehlerkultur zu etablieren, geschieht jedoch nicht über Nacht oder weil uns jemand sagt: „Ab jetzt ist es okay". Sichere Räume zu schaffen, in denen Fehler und Scheitern ganz explizit für das Lernen erwünscht sind, kann uns dabei helfen, Fehler nicht als Scheitern, sondern als hilfreiche Feedbackschleife zu begreifen. Hilfreich ist deshalb, sich Möglichkeiten zu schaffen, als Gruppe zu lernen und diese Kultur in die Organisation hineinzutragen.

Die Geschichten dieses Kapitels zeichnen einige Wege nach, wie Anwender:innen Liberating Structures kennengelernt und darin Praxis bekommen haben. Sie erzählen, wie sich begeisterte Nutzer:innen zusammengetan und schließlich andere „angesteckt" haben. Im Vordergrund stehen diesmal nicht so sehr einzelne Strukturen, sondern vielmehr der Zugang zu Liberating Structures und die Entwicklung einer Praxis – individuell, im Team und darüber hinaus.

Indem ihr mit Liberating Structures Lernräume schafft, füllt ihr das Prinzip „Lernt durch Vorwärtsscheitern" mit Leben.

Nutzt ein Team eine Struktur, dann erlebt es nicht nur die Wirkung der jeweiligen Struktur – also das Ergebnis, was mit dieser Struktur erzielt werden kann. Gleichzeitig erlebt und erlernt es auch Neugier aufeinander und auf unterschiedliche Sichtweisen. Durch das schrittweise Vorgehen in schnellen Abfolgen entwickeln wir mehr Vertrauen in das gemeinsame Lernen und verlieren die Angst vorm „Scheitern". Der schöne Nebeneffekt: Wir erleben die Gruppe als Ressource für fortwährendes Lernen und verstärken das Miteinander.

Doch nicht nur einen expliziten Raum zu schaffen, kann auf dem Weg unterstützen. Jede Liberating Structure ist für sich genommen durch ihre eingängige Systematik auch ein geschützter Lernraum. Alle Strukturen sind nach demselben Muster beschrieben:

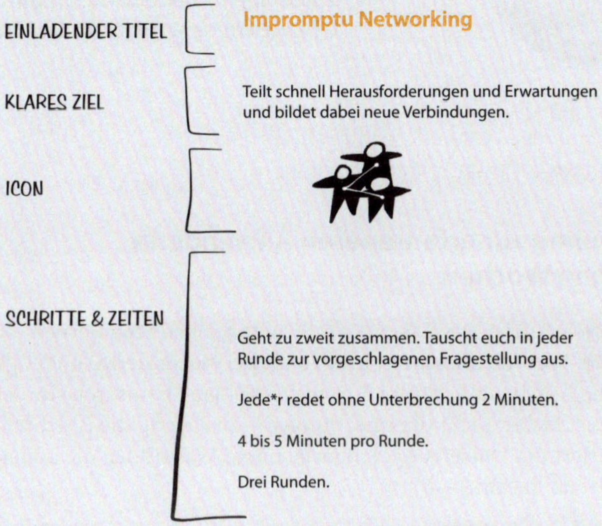

Das ermöglicht Anwender:innen, sich auch an Strukturen heranzuwagen, die sie noch nicht selbst erlebt haben. Relativ gefahrlos können so neue Wege bei der gemeinsamen Entwicklung oder Problemlösung gegangen werden. Und klappt es nicht im ersten Anlauf, dann hat man nur eine halbe Stunde investiert und ist eher geneigt, eine weitere mit einer verbesserten Aufgabenstellung zu investieren.

Liberating Structures beziehen jede:n ein – nicht nur diejenigen mit dem größten Sachverstand – und das Ganze ohne Hürden oder einschüchternde Kontrollinstanzen.

Diejenigen, die mutig genug waren, etwas auszuprobieren, werden mit handfesten Ergebnissen belohnt. Fehler oder Verbesserungsmöglichkeiten werden mit befreiender Struktur besprechbar. Durch ihre schnelle Taktung ermöglichen Liberating Structures rasche Iterationen und helfen, in Organisationen beweglicher zu werden. So werden wir zusammen immer besser und schneller darin, kleine Risiken einzugehen, machen gemeinsam Fehler und lernen daraus.

"Liberating Structures sind für mich ein Schlüssel zu mehr Beteiligung und Dialog, eine Methode für kreatives Zusammenarbeiten und ein Garant für Überraschungseffekte im Seminar."

Hilge Kohler
nutzt Liberating Structures für Redencoachings und Schreibtrainings.

Vom Neuling zur erfahreneren Anwenderin in wenigen Wochen

Seit Jahren versuche ich, Liberating Structures kennenzulernen. Ich habe mich auf der Website informiert und YouTube-Videos der Gründer geschaut. Ich habe die App installiert und dort die einzelnen Strukturen studiert. Aber der Funke ist bisher nicht übergesprungen – zu sperrig die Beschreibungen, zu kompliziert die Umsetzung. Ich frage mich: Was finden die anderen bloß so faszinierend daran?

Eines Tages lese ich auf Twitter, dass sich Leute treffen, um Liberating Structures gemeinsam anzuwenden. Ich recherchiere und erfahre, dass es User Groups gibt – offene Anwendergruppen, die mit Liberating Structures experimentieren und gemeinsam Erfahrung mit den Strukturen sammeln. Fast jede große Stadt hat eine solche User Group.

Ich scheine meinem Ziel einen Schritt näher: Ich werde die Liberating Structures live erleben können. Alles, was ich tun muss, ist, eine User Group in meiner Nähe zu suchen, auf den Termin für das nächste Treffen zu warten und hoffen, dass ich an dem Termin Zeit habe. Und wenn es so weit ist, dann muss ich mich nur noch überwinden, zu einem Event zu gehen, bei dem ich keine Ahnung habe, was mich dort erwartet.

Lange Zeit geschieht nichts. Ich höre von keinem Termin und wenn doch, dann habe ich keine Zeit. Langsam wachsen die Vorbehalte: Je länger ich darüber nachdenke, desto weniger behagt mir der Gedanke, ins kalte Wasser zu springen und einfach bei einem Termin aufzutauchen. Mit der Zeit vergesse ich die Liberating Structures und meinen Wunsch, sie kennenlernen.

Dann kommt Corona. Im März 2020 geht Deutschland in den Lockdown. Die Straßen leeren sich und meine Kontakte gehen online. Ich treffe Freundinnen zum virtuellen Spieleabend, chatte mit Kollegen auf Remote-Konferenzen und stelle meine Seminare und Vorträge eilig auf Online-Formate um. Mit Kolleg:innen zusammen erkunde ich die Möglichkeiten von Online-Workshops: Wir sammeln Methoden und Formate, besuchen Online-Events und probieren aus, was geht. Eines Tages erzählt eine Kollegin von einem Termin, auf den sie sich freut: Ihre Liberating Structures User Group wird sich endlich wieder treffen, und zwar erstmals online. Wie bitte? Das will ich nicht verpassen.

Es ist April 2020. Ein Kennenlernen der Strukturen scheint greifbar nah. Ich erfahre, dass sich User Groups auf meetup organisieren und viele von ihnen sich nun online treffen. Ich trage mich in alle User Groups ein, die Liberating Structures anwenden. Nun muss ich nur noch warten, bis neue Events angekündigt werden.

Es dauert nicht lange. Noch im April lädt die Frankfurter Gruppe ein, und ich bin dabei. Wir bauen gemeinsam einen String, das ist eine Abfolge mehrerer Strukturen. Die Moderatoren bitten um Verständnis dafür, dass der Ablauf holprig sei, aber ich empfinde es nicht so. Es ist eher inspirierend. Im Mai nutze ich Liberating Structures gemeinsam mit anderen Leuten online, um Ideen zur Rettung des Karnevals zu entwickeln. Kurz darauf geht's nach Karlsruhe, wo wir mit den Strukturen Antworten auf die unsicheren Zeiten suchen.

In User Groups gemeinsam lernen

Eine neue Welt öffnet sich mir. Endlich kann ich die Liberating Structures kennenlernen. Nicht nur das. Ich erlebe sie live, wende sie an, probiere sie mit anderen zusammen aus – und werde im Handumdrehen ein Teil der Community. Da alles online stattfindet, kann ich fast wöchentlich an einem Treffen teilnehmen. Ich sitze in User Groups von Hamburg bis Bregenz, von Dresden bis Köln. Sie alle machen es mir und anderen Neulingen leicht, ein Teil der Gruppe zu werden und die Workshop-Strukturen auszuprobieren.

So kommt es, dass ich binnen weniger Wochen von einem unerfahrenen Neuling zu einer Anwenderin der Liberating Structures werde. Ich lerne immer mehr Strukturen kennen und gewinne Routine in ihrer Anwendung.

Wenige Monate nach meinem ersten Besuch bei einer User Group probiere ich in meinem eigenen Workshop einen String aus. Der Workshop ist ins Stocken geraten, die Teilnehmenden können sich nicht auf nächste Schritte einigen. Spontan entscheide ich, Liberating Structures einzusetzen. Ich forme einen kurzen String aus zwei Strukturen, die wir oft in User Groups durchgeführt haben: **1-2-4-All** und im Anschluss **15 % Solutions**. Beim Erklären und Anleiten gerate ich ins Stottern, beim Durchführen bekomme ich einiges

Verwendete LS

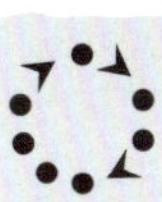

1-2-4-All

15 % Solutions

durcheinander, aber am Ende haben wir das Gefühl, gemeinsam ein Stück vorangekommen zu sein.

Mein Workshop wirkt auf mich wie eine ungeplante Feuertaufe. Ich bin von einer Lernenden zur Anwenderin geworden. Ich lerne bis heute und werde das hoffentlich auch immer tun. Aber seit dem Workshop weiß ich, dass ich die Liberating Structures eigenständig anwenden kann.

Der nächste Schritt lässt nicht lange auf sich warten: Eine virtuelle User Group bildet sich über Grenzen hinweg. Aus Deutschland, Österreich und der Schweiz stammen die Gründungsmitglieder der ersten deutschsprachigen virtuellen User Group. Die Gruppe will mit dem virtuellen Raum experimentieren und die Online-Treffen als Chance nutzen, sich über Grenzen und Distanzen hinweg zu vernetzen. Gleich beim ersten Treffen sind alle aufgerufen, mitzugestalten, Teil des Design-Teams zu werden, das die Treffen organisiert, inhaltlich vorbereitet und moderiert. Ich muss nicht lange überlegen, sondern rufe „Ja". Das nächste Treffen organisieren wir mit einem bunten Mix aus Leuten aus Nord- und Süddeutschland, aus Zürich und Wien. Neulinge wie ich sind dabei, Leute mit etwas Erfahrung und auch ganz „alte Hasen". Die Erfahrenen nehmen uns Neue an die Hand, und ich fühle mich sofort zuhause im Design-Team. Wir planen und organisieren im Team, moderieren gemeinsam den Abend und haben eine Menge Spaß dabei. Nach dem Treffen kommen neue User ins Design-Team. Die Reise geht weiter.

Schritt für Schritt die Strukturen erfahren

Heute kann ich mir nicht mehr vorstellen, ohne Liberating Structures zu arbeiten. Ich wende die Strukturen an, probiere Neues mit ihnen aus, gestalte Strings – und wer weiß, was als Nächstes kommt. Liberating Structures sind für mich mehr geworden als eine interessante Moderationsmethode – sie stehen für eine Community, die gemeinsam neue Wege geht. Vielleicht auch bald mit dir?

Du interessierst dich für Liberating Structures? Dann probiere die Strukturen einfach aus. Wende dich an eine User Group in deiner Nähe und gehe zu einem Treffen. Nutze die Chance, online teilzunehmen, wenn es für dich leichter ist. Wende die Strukturen an, probiere sie in deinem Arbeitsumfeld aus. Kombiniere sie zu kleinen Strings, beobachte ihre Wirkung und lerne daraus. Wenn dir etwas nicht gelingt: gut, daraus kannst du lernen. Gehe einfach weiter, Schritt für Schritt.

Wahrscheinlich wird es der Beginn einer großen Liebe sein.

Liberating Structures sind für uns wie ein Booster. Sie nutzen die kollektive Intelligenz der ganzen Gruppe innerhalb kürzester Zeit. Dabei sind sie für uns weit mehr als eine Ansammlung von Strukturen – sie sind ein Mindset.

Jan Kern, Katharina Körber und Tae Hee Felicitas Mehlan
nutzen Liberating Structures in monatlichen Meetups,
bei Innovation Weeks und in Teammeetings.

Wie wir erfolgreich eine Liberating Structures Community im Unternehmen aufgebaut haben

Voller Vorfreude und mit leichter Nervosität nehmen wir an einem freundlichen Tag im Januar 2020 ca. 30 Minuten vor Veranstaltungsbeginn die große Eventfläche unseres Unternehmens in Augenschein. Entsprechend unserer Wünsche finden wir mehrere Stehtische – bestückt mit gelb-roten Kugelschreibern und Schreibmaterial – vor, die locker im vorderen Bereich der Räumlichkeiten verteilt sind. Im hinteren Bereich der Eventfläche stehen dicht gedrängt Stühle in Kinobestuhlung vor einem Flipchart und davon etwas abgetrennt weitere Stühle in U-Form. Erleichtert stellen wir fest: „Die räumlichen Gegebenheiten sind optimal, um Liberating Structures an verschiedenen Schauplätzen durchzuführen."

Eingeladen haben wir alle Mitarbeiter:innen des Unternehmens über unsere neue unternehmensinterne Kommunikationsplattform, und jetzt fragen wir uns: Wer wird sich auf unser verrücktes Experiment einlassen und zusätzlich zu einem vollgepackten Arbeitstag 30 Minuten für uns reservieren? Werden nur ein paar befreundete Arbeitskolleg:innen erscheinen oder auch Kolleg:innen aus anderen Unternehmensbereichen oder gar Führungskräfte teilnehmen?

Einige Monate zuvor besuchen wir, Jan und Felicitas, aus Interesse in unserer Freizeit eine inspirierende Liberating Structures-Veranstaltung in den Räumlichkeiten einer klassischen Unternehmensberatung und sind von der Alltagstauglichkeit der ausprobierten Methoden sofort hellauf begeistert.

Warum sollte die Magie dieses Ansatzes nicht auch bei uns im Unternehmen funktionieren? Was haben wir zu verlieren? Die Idee, Liberating Structures bei uns im Unternehmen zu etablieren und voranzubringen, ist geboren.

Mitstreiter:innen finden und Kolleg:innen begeistern

Zu Beginn stehen wir vor der großen Herausforderung, genügend interessierte Teilnehmer:innen für unser erstes Liberating Structures Meetup zusammenzubekommen. Bisher hatten wir als Mitarbeiter:innen der Steuerabteilung wenig bis keine Erfahrung mit der Ausrichtung unternehmensinterner Veranstaltungen gesammelt. Natürlich hatten wir schon Mitarbeiterschulungen im Bereich Steuerrecht für eine Handvoll ausgewählter Fachkolleg:innen gegeben. Hier stand in der Regel der Teilnehmerkreis fest und es reichte aus, kleine Meetingräume ohne große Vorbereitungen zu buchen.

Nun stellen sich uns aber ganz andere organisatorische Fragen:

- Wen laden wir alles ein? Alle Mitarbeitenden oder nur eine bestimmte Gruppe?
- In welcher Form laden wir ein? Per E-Mail oder über unsere neue Kommunikationsplattform?
- Wo finden wir geeignete Räumlichkeiten im Unternehmen? Woher bekommen wir benötigtes Material?
- Dürfen wir neben unseren gewohnten Tätigkeiten in der Steuerabteilung solche Liberating Structures Meetups anbieten?

Im Übrigen gilt es, unsere Kolleg:innen zu überzeugen, dass wir als Mitarbeitende der Steuerabteilung in der Lage sind, neue innovative Arbeitsmethoden vorzustellen und gleich auszuprobieren.

Auf der Suche nach Mitstreiter:innen treffen wir auf Katharina, die Mitglied des gerade im Unternehmen neu gegründeten „Innovation Team“ ist. Sie kannte die Methode bereits aus ihrem Studium und ist von unserem Vorhaben, eine Liberating Structures Community bei uns in der Organisation aufzubauen, genauso begeistert. Ihre umfangreichen Erfahrungen und Kontakte, um innovative Themen voranzutreiben, bringen den entscheidenden Durchbruch. So hilft sie uns zum Beispiel, durch ein unterhaltsames Video bei vielen Kolleg:innen Interesse an der Methode zu wecken und auf unsere erste Veranstaltung aufmerksam zu machen. In dem von uns mit dem Handy

Verwendete LS

gedrehten Video erscheint Jan viel zu spät zum Meeting mit Felicitas. Jan ist vollkommen genervt von dem letzten, so typischen und zeitlich überzogenen „Brainstorming"-Meeting, in dem mal wieder nur die lautesten, aber nicht alle Teilnehmenden ihre Ideen vorstellen konnten. Auf Nachfragen seitens Felicitas, ob Jan schon Liberating Structures kennt, antwortet dieser nur: „Liberating, what?". Im Anschluss folgt eine Einladung an alle Mitarbeiter:innen, an unserem ersten Liberating Structures Meetup mit dem Ziel teilzunehmen, zukünftig Meetings effektiver zu gestalten.

Nicht zu unterschätzen beim Aufbau einer unternehmensinternen Liberating Structures Community ist der Arbeitsaufwand, der neben der „normalen" täglichen Arbeit zu meistern ist. Katharina kümmert sich bis heute um eine Vielzahl organisatorischer und strategischer Themen, wie z. B. Buchung der Veranstaltungsorte bzw. Meetings, Einladungsversand sowie das Wachstum unserer Liberating Structures Community.

Der Ablauf des ersten Liberating Structures Meetup

Pünktlich um 11 Uhr blicken wir in 25 neugierige und erwartungsfrohe Gesichter unserer (teilweise auch unbekannten) Kolleg:innen. Wir starten ohne große Vorstellungsrunde mit unseren Erläuterungen zu **Impromptu Networking**. Bei dieser Struktur beantworten zwei Personen die folgenden Fragen:

- *Welche Herausforderung stört dich bei Meetings in deinem Umfeld besonders?*
- *Was erhoffst du dir von dieser Gruppe und was möchtest du der Gruppe geben?*

Nach Ablauf von zwei Minuten wechseln die Zweierpaare den Stehtisch und suchen sich neue Gesprächspartner:innen aus. Insgesamt werden drei Gesprächsrunden durchgeführt, sodass jede Person am Ende mit drei verschiedenen Personen die Fragen besprochen hat. **Impromptu Networking** eignet sich insbesondere zum gegenseitigen Kennenlernen zu Beginn von Veranstaltungen oder zur Einführung in bestimmte Themenbereiche im Rahmen von Projekt- oder Teammeetings.

Während zu Beginn die meisten noch mit ihren bekannten Arbeitskolleg:innen zusammenstehen, bilden sich entsprechend unserer Vorgabe Paare mit bisher noch unbekannten Kolleg:innen. Der Lärmpegel der Gespräche im gut gefüllten Raum steigt an, die erste Anspannung bei uns lässt nach. Nach Ablauf der vorgegebenen Zeit und zur Vorbereitung des Wechsels der Gesprächspartner:innen verwenden wir den Gong einer Klangschale, der uns passender als ein Handyklingelton erscheint. Mit Ertönen des Gongs sind unsere Kolleg:innen noch immer angeregt in ihre Gespräche vertieft und können sich kaum voneinander lösen. In den folgenden zwei Runden von **Impromptu Networking** funktioniert das Stoppen der Gespräche mit Ertönen des Gongs wesentlich schneller.

Danach wechseln wir in den hinteren Teil des Raumes. Dort platzieren wir unsere Teilnehmenden bewusst in Kinobestuhlung zu Demonstrationszwecken vor einem Flipchart und erläutern die folgenden Formate:

- Präsentation,
- offene Diskussion,
- moderierte Diskussion,
- Statusrunde und
- Brainstorming.

Wieder zurück bei den Stehtischen im vorderen Bereich des Raumes starten wir eine nicht leicht verständliche Übung, wie sich später herausstellte. Ziel der Übung war – wieder im Stil der ersten Struktur **Impromptu Networking** – eine Einordnung der verschiedenen Formate in Zweiergruppen anhand der beiden Fragestellungen:

- *Wie wird der Inhalt kontrolliert? Zentral oder verteilt?*
- *Wer ist am Formen der nächsten Schritte beteiligt? Eine Person oder alle Personen?*

Die Fragestellungen werden in drei Runden zu zweit mit immer wieder unterschiedlichen Gesprächspartner:innen bearbeitet. Nach Ablauf der festgelegten Zeit besprechen wir in der großen Gruppe kurz das Ergebnis dieser Übung und stellen fest, dass die Teilnehmenden bereits Probleme mit unseren Fragestellungen hatten. Daran werden wir zukünftig arbeiten.

Zum Abschluss des ersten Liberating Structures Meetup setzen wir uns zusammen an die Tische in U-Form. Wir besprechen in der Runde folgende Fragen:

- Wie hat euch das erste Liberating Structures Meetup gefallen?
- Was können wir verbessern?
- Wie hat sich das Durchlaufen der einzelnen Strukturen an den unterschiedlichen Schauplätzen im Raum angefühlt?
- Fühlt ihr euch in der Lage, die Struktur **Impromptu Networking** selbst anzuwenden?

Das Feedback der Teilnehmenden war durchweg positiv. Die Reaktionen reichen von „Macht ihr das jetzt öfter?“ bis „Wir kommen gern wieder.“ und „Es hat Spaß gemacht.“ Ebenso haben wir das hilfreiche Feedback erhalten, dass weniger manchmal mehr ist: Unsere Teilnehmenden hätten sich mehr Zeit zur Reflexion und weniger Übungen gewünscht. Wir nehmen uns vor, zu Beginn mehr Zeit zum Erklären zu nehmen und vorweg noch präziser an den Einleitungen bzw. Fragestellungen pro Struktur zu feilen.

Insgesamt sind wir mit unserer ersten Veranstaltung sehr zufrieden. Wer hätte gedacht, wie einfach es ist, ohne großen Aufwand z. T. wildfremde Menschen innerhalb von Sekunden in intensive Gespräche zu leiten und ein freudiges Lächeln auf die Gesichter der Teilnehmenden zu zaubern?

„Einfach machen" und Liberating Structures mit Interessierten in unserem Unternehmen auszuprobieren, war genau die richtige Entscheidung zum richtigen Zeitpunkt.

Virtuelle Meetups meistern

Einige Wochen sind vergangen. Nach und nach wählen sich die Teilnehmer:innen unseres erneuten unternehmensinternen 45-minütigen Liberating Structures Meetups in den virtuellen Hauptraum unseres Skype-Meetings ein. Was uns ganz besonders freut: Neben den „alten Hasen", die seit der Geburtsstunde unseres ersten Liberating Structures Meetups vor etwa einem halben Jahr dabei sind, wählen sich auch Liberating Structures-Neulinge ein. Meist kommen sie auf Empfehlung von Kolleg:innen.

Nach einer kurzen coronabedingten Verschnaufpause im Frühjahr 2020 bieten wir mittlerweile unsere monatlichen Liberating Structures Meetups mit durchschnittlich 20 bis 30 Teilnehmenden rein virtuell an. In den 30- bis 45-minütigen virtuellen Meetings probieren wir mit unseren Kolleg:innen aller Hierarchiestufenebenen und aus allen Unternehmensbereichen eine neue Struktur aus.

Für die heute ausgewählte Struktur **Min Specs** springen die Teilnehmenden vom Hauptraum in die ihnen zugeteilten virtuellen Kleingruppenräume. Bei **Min Specs** geht es darum, in der Kleingruppe in zwei Schritten Minimalanforderungen einer Initiative bzw. eines Projekts zu definieren. Im ersten Schritt werden sämtliche „Dos & Don'ts" in einer Liste (Maximal-Spezifikation) notiert, die dann erst im zweiten Schritt auf eine Handvoll „Must Dos" und „Must Not Dos" gekürzt wird (Minimalanforderungen).

Am spannendsten ist es für uns drei, wenn wir uns in die Kleingruppenräume einwählen und bei den anregenden Diskussionen „Mäuschen spielen" dürfen. Zurück im Hauptraum präsentiert jede Gruppe ihre Ergebnisse auf dem virtuellen Whiteboard. Es ist immer wieder überraschend, wie viele neue Ideen in so kurzer Zeit zutage kommen, auf die wir allein niemals gekommen wären. Ähnlich wie bei unserem ersten Liberating Structures Meetup reflektieren wir nach dem Durchlaufen der Struktur mit der ganzen Gruppe:

- Wie hat euch die Struktur gefallen?
- In welchen Situationen könntet ihr diese Struktur einsetzen?
- Fühlt ihr euch in der Lage, die Struktur selbst anzuwenden?

Die Umstellung von einer Präsenzveranstaltung zu einem virtuellen Meeting stellte uns zu Beginn der Coronakrise aufgrund eines sicherheitsbedingten Zoom-Verbots im Unternehmen vor eine echte Herausforderung. Auf den sehr hilfreichen Tipp einer Arbeitskollegin hin setzen wir nun neben dem virtuellen Hauptraum zehn virtuelle Nebenräume im Skype-Meeting auf.

Ein Vorteil der virtuellen Liberating Structures Meetups zeigt sich schnell. Nun können sich auch Mitarbeitende aus dem Außendienst und von Außenstellen einwählen, die wir bisher nicht erreichen konnten.

Über die Zeit lernen wir, dass die Durchführung virtueller Liberating Structures Meetups leichter handzuhaben ist als gedacht. Hierbei hilft es natürlich, kreativ, flexibel und offen für neue Lösungen zu sein. Bereits bei der Planung der Veranstaltung ist entscheidend, genügend Zeit für die Technik, deren Erläuterung und Fragen der Teilnehmenden einzuplanen. Beispielsweise haben wir festgestellt, dass das Hin- und Herspringen zwischen dem Hauptraum und den Kleingruppenräumen viel Zeit kostet.

Herausfordernd bei den virtuellen Meetings ohne die Funktion der automatischen Zuteilung von Kleingruppenräumen (wie bei Zoom) ist, die Aufteilung der eingewählten Teilnehmenden live vorzunehmen. Einige Kolleg:innen erscheinen trotz erfolgter Anmeldung nicht; da hilft auch die beste Raumplanung nichts. Wenn sich beispielsweise jemand entgegen der Planung allein in einem virtuellen Kleingruppenraum befindet, kostet es mit dem uns zur Verfügung stehenden Tool einiges an Zeit, diese Person in einen anderen Kleingruppenraum zu lotsen. In Präsenzform ist die Bildung unterschiedlicher Kleingruppen in enger zeitlicher Abfolge wesentlich leichter zu meistern. Zum Teil wandeln wir daher einzelne Strukturen leicht ab, um Zeit zu sparen oder um nicht zu viel Unruhe in die virtuellen Meetings zu bringen.

Mittlerweile hat es sich eingespielt, dass wir im Wechsel die Liberating Structures Meetups vorbereiten und auch moderieren. Vor jedem Meetup gehen wir die Einladung bzw. Fragestellung sowie die vorbereiteten Folien im Dreier-Team kritisch durch und fragen uns:

- Ist die Struktur in der kurzen Zeit machbar?
- Fehlen noch Erläuterungen bzw. gibt es Verbesserungen bei der technischen Umsetzung?

Wünschenswert wäre, wenn auch erfahrene Teilnehmende die monatlichen Meetups vorbereiten und leiten würden. Bisher ist dies mangels Zeit für solche zusätzlichen Aufgaben neben der täglichen Arbeit bei den Freiwilligen gescheitert.

Die Umstellung auf virtuelle Liberating Structures Meetups hat unserer unternehmensinternen Liberating Structures Community nicht geschadet. Im Gegenteil. Viele unserer Kolleg:innen sitzen seit dem Frühjahr 2020 im Homeoffice und nahezu allen fehlen die zwischenmenschlich wichtigen Kaffeeküchen-Gespräche. Die Liberating Structures bieten hier eine gute Gelegenheit zum kollegialen Austausch über Landesgrenzen und Unternehmensbereiche hinweg. Die Gespräche können fachlicher Natur oder auch einfach Smalltalk sein.

Seit dem Start unserer monatlichen Liberating Structures Meetups erhielten wir mehrfach Anfragen, Teammeetings mitzugestalten. Diesen Wünschen kamen wir natürlich gern nach. Entweder führen wir eine Struktur im Teammeeting selbst durch oder beraten im Vorfeld, um eine eigenständige Anleitung zu ermöglichen, z. B.: *Welche der mehr als 30 Strukturen bietet sich zum Einholen von Verbesserungsvorschlägen zu einem bestimmten Problem an?*

Besonders stolz sind wir darauf, dass wir bei unseren unternehmensinternen Innovations-Veranstaltungen nicht mehr wegzudenken sind. Beispielsweise haben wir bei der Innovation Week im November 2020, wo der Einsatz neuer digitaler Technologien und Arbeitsweisen erlebbar gemacht werden sollte, zwei Liberating Structures Meetups für Anfänger veranstaltet. Wir mussten spontan eine Zusatzsession anbieten, da wir insgesamt mehr als 100 Anmeldungen erhalten haben. Im Nachgang haben wir ein einstündiges Liberating Structures Meetup für Fortgeschrittene organisiert, bei dem wir zum ersten Mal erfolgreich einen String (d.h. eine Abfolge verschiedener Liberating Structures) ausprobiert haben.

Bis jetzt haben wir unserer Community nur uns bekannte Strukturen angeboten. Bald werden wir uns auf Neuland bewegen und auch unbekannte Strukturen ausprobieren. Gleichwohl sind wir uns sicher, dass wir uns auf unsere experimentierfreudigen Kolleg:innen verlassen können. Wir sind positiv überrascht, wie offen, neugierig und auch geduldig sie sind, unbekannte und zukunftsweisende Arbeitsmethoden zusammen mit uns auszuprobieren. Und das nicht, weil es in ihrer Jobbeschreibung steht, sondern weil sie einfach Interesse und Spaß an der Sache haben. Wir sind stolz darauf, zusammen mit unseren Kolleg:innen ganz vorn bei dem unternehmensinternen Innovationsprozess dabei zu sein und unser Unternehmen in eine agile Organisation zu wandeln.

Für den erfolgreichen Aufbau einer Liberating Structures Community reicht es unserer Ansicht nach aus, mit den richtigen Mitstreiter:innen getreu dem Motto „Einfach machen“ zu starten und entsprechende Aufmerksamkeit im Unternehmen zu erlangen.

Liberating Structures heißt für mich: Die Lauten werden leiser, die Leisen werden lauter.

Melanie Wollnik
nutzt als Agility Masterin und Agile Coach Liberating Structures in Workshops.

Eine Liberating Structures User Group als Beitrag zur Bottom-up-Transformation

Bling-Bling, funkel, funkel. Wie ein strahlender Diamant liegt diese wertvolle Information in meiner Hand.

Kennst du die Liberating Structures? Probier die doch mal aus.

Zu dem Zeitpunkt, als ich diesen Tipp von Kristine Kiwitt bekomme, befinde ich mich auf der Suche nach neuen Methoden und sinnvollen Ansätzen, um in der Rolle einer Scrum Masterin eines Transformationsteams die drei Hauptprobleme zu lösen, auf die wir immer wieder in Meetings stoßen. Im Rahmen dieser Suche darf ich zwei Tage beim Agile Center der Otto Gruppe in Hamburg hospitieren, die schon große Erfahrungswerte auf dem Weg zu einer agilen Organisation vorweisen konnten – eine große Ehre.

Kennst du diese drei Hauptprobleme auch?

- Du befindest dich in einer Präsentation, eine:r spricht und alle anderen schweigen?
- Oder auf die Frage ins Plenum „Hat jemand eine Idee?" folgt betretenes Schweigen.
- Du befindest dich in einer nicht enden wollenden Vorstellungsrunde, bei der du nach der fünften Person schon gar nicht mehr weißt, wer die erste Person war?

Die Liberating Structures, die mir empfohlen wurden, scheinen diese Probleme zu lösen! Nach kurzer Recherche bin ich sofort Feuer und Flamme, denn das Potenzial dieser Mikrostrukturen in der Arbeit mit Menschen und die Kraft, die sie entfalten können, zeichnen sich bereits beim Überfliegen der Website ab.

Im Gegensatz zu Makrostrukturen, wie Organigramme oder Gebäude, die man meist bewusst wählt, aber schwer verändern kann, werden Mikrostrukturen oft sehr unbewusst gewählt, sind aber leicht veränderbar. Sie bilden den Rahmen menschlicher Kommunikation. Mikrostrukturelle Elemente definieren Mikrostrukturen, und so lassen sich bekannte Interaktionsmuster,

wie z. B. Präsentationen oder starre Statusrunden, wie wir sie alle kennen, bewusst verändern. Hier setzen die Liberating Structures an, deren Ziel es ist, dass jede:r in der Diskussion gehört und am Ergebnis beteiligt wird.

Ich erhalte die Möglichkeit, an einem Workshop zu den Liberating Structures als zukunftsweisende Methode in der Zusammenarbeit mit Gruppen teilzunehmen. Anhand einiger Beispiele lernen wir erste Bausteine aus dem Methodenbaukasten der 33 Mikrostrukturen kennen und erleben.

So einen Workshop hatte ich nie zuvor erlebt! Alle sind beteiligt, tiefgründige Gespräche werden geführt, konstruktive Lösungen erarbeitet, wir haben Spaß – und das, obwohl sich keine:r der Teilnehmenden je zuvor gesehen hat. Für meine Tätigkeit, der Begleitung von Menschen in Transformationsprozessen, eine wirkungsvolle Erweiterung meines Werkzeugkoffers; ich will mehr erfahren.

Da die Liberating Structures für jede:n leicht erlernbar und mit ein wenig Erfahrung auch einfach anzuwenden sind, suche ich nach Möglichkeiten, mehr zu lernen. Öffentliche Meetups bieten die verschiedenen Liberating Structures-Regionalgruppen an. Dort treffen sich Interessierte, um Strukturen auszuprobieren, Erfahrungen auszutauschen und gemeinsam zu reflektieren. Diese

Meetups helfen mir, Wissen und Sicherheit in der Anwendung zu entwickeln und meinen Kolleg:innen die Strukturen als Werkzeug zur Moderation von Meetings und zielgerichteter Gruppenarbeit zur Verfügung zu stellen. Schnell entsteht die Idee, eine User Group in unserem Unternehmen ins Leben zu rufen. Interessierte Kolleg:innen sollen eine Anlaufstelle bekommen, wo sie die Strukturen kennenlernen, anwenden und ausprobieren können.

Die Idee der Mikrostrukturen ernsthaft weiterzuverfolgen, bietet sich, als mich die kulturelle Bottom-up-Bewegung „MINDCHANGE" anspricht und fragt, ob ich nicht mit meinem Wissen zu den Liberating Structures das Angebot der Bewegung mit einer eigenen Initiative bereichern möchte.

> *„MINDCHANGE@DB Systel" unterstützt den kulturellen Wandel aus der Mitte des Unternehmens, bringt marktgängige Methoden (z.B. Management 3.0, Working Out Loud oder andere) ins Unternehmen und kreiert eigene Austauschformate zur Gestaltung der digitalen Kultur.*

In meiner Kollegin Claudia Richter, selbst Agile Coach und Transformationsbegleiterin, finde ich die perfekte Partnerin zur Realisierung der Idee. Unabhängig voneinander waren wir in unterschiedlichen Treffen zum Thema Liberating Structures unterwegs und verschlangen geradewegs jeden Input, den wir bisher bekommen konnten.

Aus Präsenz wird virtuell – ganz schnell

Unser erstes User-Group-Treffen planen wir in Präsenz. Doch dann kommt alles anders: Lockdown! Es braucht keinen physischen Raum, kein Catering oder ähnliches mehr. Microsoft Teams, PowerPoint und zwei Stunden reichen aus, um das Projekt „Liberating Structures User Group virtuell" ins Leben zu rufen.

Wir gehen mutig voran und lernen so viel währenddessen. Meine größte Angst, dass niemand teilnimmt oder versteht, was unser Anliegen ist, stellt sich als unbegründet heraus. Zu unserem ersten (virtuellen) User-Group-Treffen melden sich über 40 Kolleg:innen an, und es gibt eine lange Warteliste.

Ziel des Meetings ist das Kennenlernen einzelner Strukturen, die wir in einer Abfolge (String) zusammenstellen. Außerdem im Fokus: die Vernetzung von Interessent:innen und die Hoffnung, dass sie Gelerntes in ihren Arbeitsalltag mitnehmen.

Auch das zweite User-Group-Treffen ist ein voller Erfolg. Viele haben sich sofort nach dem ersten Treffen für das künftig monatlich stattfindende Event angemeldet. Die Stimmen sprechen für sich:

Neben dem großartigen Gefühl, wirklich einen Mehrwert und positive Erfahrungen für die Kolleg:innen geschaffen zu haben, entsteht der angenehme Nebeneffekt, dass Claudia und ich lernen, mit größeren Gruppen remote zu arbeiten. Keine von uns hatte damit bis dahin viele Erfahrungen gesammelt. Vermutlich ist es das, was man eine Win-win-Situation nennt?

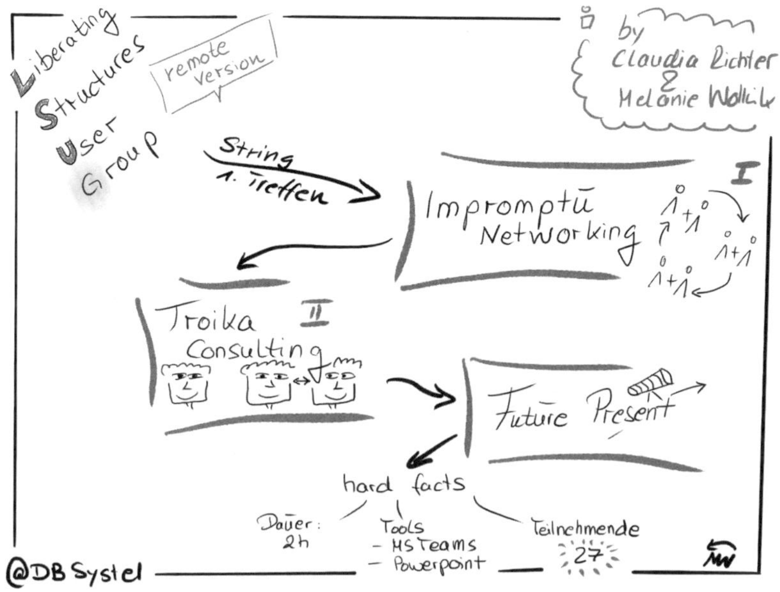

(Visuelle Zusammenfassung des ersten Treffens der Liberating Structures User Group @DB Systel im April 2020)

Einer großen Gruppe eine Stimme geben

Besonders stolz sind wir auf die Session, die wir im August 2020 bei der konzernweiten „Woche der neuen Arbeit“ hosten durften. Wir stellten hier die Liberating Structures User Group vor und erörterten mit über 100 Frauen die Fragestellung:

Was braucht ihr, um in Führung gehen zu können?

Es ist eine wichtige Fragestellung angesichts des Vorstandsbeschlusses des Unternehmens, bis 2024 30 % Frauen in Führungspositionen vorzuweisen.

Und was war das Ergebnis dieser Session? Einer großen Gruppe eine Stimme zu geben, in der sich jede einzelne Meinung widerspiegelt.

Mit dem Ziel, mehr Bekanntheit für das Thema und unsere Mission zu erreichen, organisierten wir die Serie „LSUG meets Communities @DB“ mit Meetings, Meetups und Vernetzungsveranstaltungen in Zusammenarbeit mit unterschiedlichen Communities (z. B. Frauennetzwerk, Diversity Week, MX Agent:innen) unseres Unternehmens.

Damit gelingt uns innerhalb eines Jahres, mehr als 400 Kolleg:innen zu erreichen!

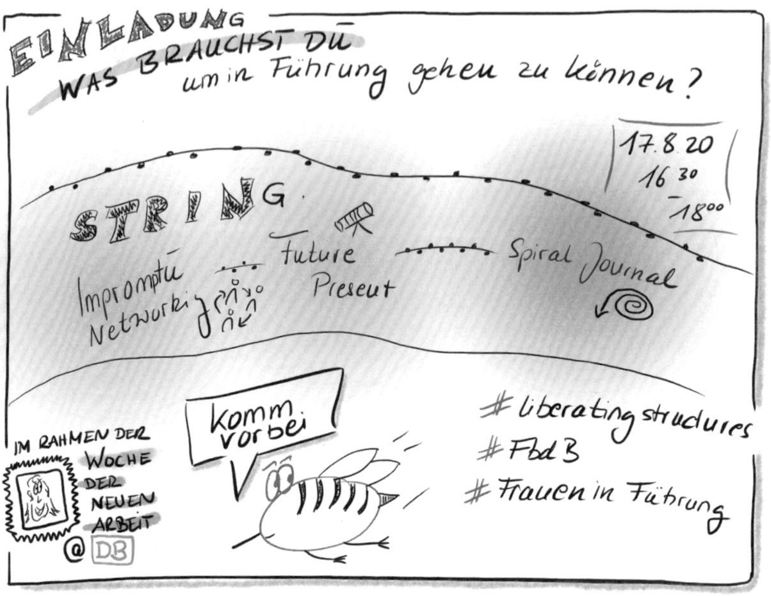

(Einladung zu unserer Session bei der „Woche der neuen Arbeit@DB Systel" im August 2020)

Ein Jahr User Group

In unserem Review „1 Jahr User Group" kommen vorwiegend Multiplikator:innen zu Wort, mit denen wir in regelmäßigem Kontakt sind. Wir tauschen uns dazu aus, welche Strukturen sie bereits in ihren Arbeitsalltag mitgenommen und eingesetzt haben. Die Bandbreite der Erfahrungen erstreckt sich von „Die Struktur ist total in die Hose gegangen, ich weiß auch nicht, woran es gelegen hat" bis hin zu „Wir haben endlich das Gefühl, etwas wirklich gemeinsam erarbeitet zu haben".

Inzwischen nimmt bei jedem Treffen mindestens ein User-Group-Mitglied teil, das den String mitgestaltet und moderiert – eine sehr schöne Entwicklung. Regelmäßig sprechen uns Kolleg:innen an und fragen, mit welchen Strukturen sie ihre Herausforderungen angehen und ob wir bei der Konzeption unterstützen können.

Unsere Mission ist eine Arbeitswelt, in der gilt:

„Die Lauten werden leiser, die Leisen werden lauter"

und in der alle (Agility Master:innen, eine interne Bezeichnung) die Wirksamkeit von Liberating Structures für sich entdecken und wie selbstverständlich in ihrer Arbeit einsetzen (können).

Veränderung fängt bei jedem/jeder selbst an. Wir müssen bereit sein, neue Erlebnisse und Erfahrungen zuzulassen. Die Liberating Structures sind dafür ein guter Einstieg und unterstützen Transformationsprozesse ganz bewusst. Für alle, die ein Verständnis von Komplexität haben und die echte Perspektivenvielfalt erreichen möchten, bieten die Mikrostrukturen spannende Möglichkeiten. Die Gründung der User Group ist unser Beitrag zur Unterstützung der Transformation – bottum-up.

Und nun frage ich dich, liebe:r Leser:in: Was ist deine Herausforderung? Wo kannst und möchtest du Beteiligung fördern?

Was wirst du mit dem funkelnden Diamanten in deiner Hand tun?

Liberating Structures sind für uns Schlüssel zu gelebtem „New Work" und wirklicher Transformation.

Anja Kässner & Birgit Nieschalk
setzen LS ein, um mit Leichtigkeit und Tiefe echte Zusammenarbeit für eine bessere (Arbeits-)Welt zu ermöglichen.

Liberating Structures im Unternehmen verbreiten

Ein Freitagabend Ende Februar 2020, im Erdgeschoss eines Tagungshotels in Deutschland. Keiner von uns sollte zu diesem Zeitpunkt ahnen, dass es unser letzter gemeinsamer Workshop im selben Raum für eine lange Zeit sein würde: Zwei intensive Tage liegen hinter uns, wir sind gleichermaßen erschöpft wie voller Tatendrang, und sitzen im nun wieder leeren Konferenzraum bei einem Getränk zusammen. Die meisten Teilnehmenden sind schon auf dem Weg nach Hause in den wohlverdienten Feierabend. Ein paar ließen sich allerdings nicht davon abhalten, auch beim Aufräumen zu helfen und sitzen jetzt mit uns zusammen. Wir stoßen an auf zwei gelungene Tage mit Liberating Structures, und unser Gegenüber sagt diesen bedeutungsvollen Satz: „Das ist noch viel besser als ich es mir vorgestellt habe. Das will ich genauso mit meinen Teams machen!"

„Was erhoffst du dir, dass sie für euch ermöglichen?", fragen wir zurück. Die Person – nennen wir sie Barbara – atmet tief durch. „Wenn alle in meinem Unternehmen Liberating Structures kennen und nutzen würden, würde das jedes einzelne Meeting, jeden Workshop, jede Zusammenarbeit verbessern. Und es wäre vielleicht genau der Weg, unsere neue Unternehmensstrategie greifbarer zu machen.

Der erste Workshop ist schon bald aufgesetzt und ein Termin gefunden. Im Telefonat mit Barbara tauschen wir uns darüber aus, welche Strukturen sie für besonders wertvoll für die Organisation erachtet und planen diese mit ein. Barbaras Begeisterung aus dem gemeinsamen Workshop hat kein Stück nachgelassen. Sie will es richtig anpacken: Möglichst viele Kolleg:innen sollen in gemeinsamen Lernräumen in Kontakt mit Liberating Structures kommen und möglichst viele sollen mit uns lernen, wie sie die Strukturen selbst anwenden können.

So weit, so gut. Kurze Zeit später telefonieren wir wieder, um Details zu klären, doch diesmal sind aus den ersten Anzeichen, dass Corona unser Leben ändern wird, bereits konkrete Einschränkungen geworden. Sich vor Ort in großen Gruppen zu treffen und noch dazu Strukturen zu verwenden, die alle in intensiven und direkten Austausch bringen sollen, wird bis auf Weiteres nicht mehr möglich sein.

Doch das bremst Barbara nicht, ganz im Gegenteil: „Können wir das nicht auch virtuell machen? Dann könnten wir das auch an den internationalen Standorten anbieten und noch viel mehr Menschen erreichen!"

Da wir mit unseren Kollegen aus der internationalen Liberating Structures Community schon seit Jahren über Zoom zusammenarbeiten, wissen wir, dass die Strukturen auch virtuell gut funktionieren. Einen so großen Workshop wollten wir schon immer mal virtuell durchführen! Also war unsere Antwort ein ganz schnelles und eindeutiges „Na klar, das machen wir!"

Bereits aus den ersten Einstiegs-Workshops heraus bildet sich eine Gruppe, eine Community of Practice, die innerhalb des Unternehmens das Thema Liberating Structures vertieft und sich gegenseitig Feedback und Hilfestellung gibt.

Direkt nach dem ersten Workshops setzen wir uns mit dem Team zusammen, analysieren das Feedback der Teilnehmenden und das, was wir selbst bei der Durchführung gelernt haben. Wir fragen uns:

> *Wie können wir noch mehr Kollegen erreichen und gleichzeitig sichern, dass sie das Gelernte in den Alltag integrieren?*

Die wichtigsten Punkte, die wir festhalten sind:

- Die Workshops dürfen maximal zwei Tage dauern, damit sie in die ohnehin bereits vollen Kalender passen.
- Zum Einstieg wäre ein kürzeres Format besser, um die Kolleg:innen hineinschnuppern zu lassen, damit sie dann wissen, warum sie sich die Kalender für vertiefende Workshops freischaufeln sollen.
- Die vertiefenden Workshops sollen so praxisnah wie möglich sein und idealerweise direkt Herausforderungen aus der täglichen Arbeit adressieren.

Auf diesen Erkenntnissen entwickeln wir eine aufeinander aufbauende Workshopreihe:

- Wir veranstalten mehrere Einstiegs-Workshops, in denen Kolleg:innen aus verschiedenen Abteilungen und Regionen Liberating Structures ausprobieren und erleben können. Die ersten dieser Workshops moderieren wir, doch bereits nach kurzer Zeit übernimmt das bereits das interne Team. Das versetzt nicht nur das moderierende Team in die Lage, zu lernen, sondern zeigt auch den Teilnehmenden, wie schnell man in die Umsetzung kommt.
- Aus den größten Herausforderungen des Alltags, die uns das Team nennt, entwickeln wir thematische Workshops. Die Teilnehmenden erleben darin sowohl die Strukturen und lernen gleichzeitig, wie sie diese selbst anwenden können.
- Für diejenigen im Unternehmen, die ihre Praxis mit Liberating Structures noch weiter ausbauen und tiefer in die Gestaltung von Meetings und Workshops eintauchen möchten, bieten wir ein Design Studio an.

Sowohl die Workshops in deutscher Sprache als auch diejenigen für die internationalen Standorte auf Englisch begeistern uns als Moderierende: Wir können nicht nur die gesamte Bandbreite von Liberating Structures nutzen, sondern treffen auf Menschen, die mit wachsender Begeisterung teilnehmen – einige beinahe in jedem Workshop. Manche stellen sich ihren Wecker so, damit sie an den Workshops einer anderen Zeitzone teilnehmen können.

Mit den Einstiegs-Workshops, den thematischen Workshops und Design Studios erreichen wir über das gesamte Unternehmen hinweg Hunderte von Personen. Von diesen Teilnehmenden findet sich ein Großteil später in der Community of Practice wieder, um gemeinsam weiterzumachen.

Es ist ein sehr gutes Zeichen, wenn sich ein Thema im Unternehmen verselbstständigt und viele Kolleg:innen im positivsten Sinne ansteckt. Einfache Strukturen wie **1-2-4-All, Troika Consulting, User Experience Fishbowl** oder auch **TRIZ** sind in vielen Teams alltägliche Vokabeln der Zusammenarbeit geworden. Aber auch komplexere Strukturen wie **Appreciative Interviews, Ecocycle Planning** oder **Critical Uncertainties**, die wir vor allem in den thematischen Themenworkshops genutzt haben, um die Unternehmensstrategie greifbar zu machen, werden verwendet.

Wir als Moderationsteam könnten über unsere eigenen Erkenntnisse und Erfahrungen wahrscheinlich ein ganzes Buch füllen. Im Kern sind es jedoch folgende drei Punkte, die uns am wichtigsten sind:

1. **Lernräume:** Unsere Workshops waren sichere Räume, in denen erlebt, experimentiert und gelernt werden konnte. Jede:r Teilnehmende hat daraus ganz eigene Erkenntnisse gewonnen und in neue Lernräume übertragen: in die Community of Practice oder das gemeinsame Lernen im Tandem mit einer anderen Person. Und genau daraus entsteht ein Momentum, das ein Unternehmen mitten in einer umfassenden Transformation nach vorne bringen kann.
2. **Virtuelle Räume:** Neben allem, was die Pandemie in Organisationen verursacht und verhindert hat, wurde auch viel ermöglicht, von dem wir zu Beginn der Zusammenarbeit noch keine Vorstellung hatten. Wir haben im Zeitverlauf beinahe jede Liberating Structure virtuell durchgeführt und verfeinert. Wir sind uns sicher, dass ein virtueller Workshop genauso wertvoll ist wie ein physischer.
3. **Peer Group:** Es sind Menschen wie Barbara und ihr Team, die in Organisationen dafür sorgen können, dass eine Strategie zur Unternehmenskultur sich tatsächlich im Arbeitsalltag wiederfindet. Menschen, die den Kern von Liberating Structures verstanden haben und ihre Kolleg:innen dafür begeistern und mitreißen, sind mehr wert als jede von oben verordnete Strategie.

Steckt vielleicht auch ein bisschen Barbara in Dir?

Los geht's!

Wir freuen uns, wenn ihr in den Geschichten viele Anregungen für die Anwendung von Liberating Structures in euren eigenen Zusammenhängen bekommen habt und diese nun ausprobieren wollt! An dieser Stelle möchten wir noch einige Wege vorstellen, wie ihr Praxis mit Liberating Structures erhalten könnt, die sich für andere bewährt haben.

Fangt einfach an

Die Essenz aller Empfehlungen, wie ihr Praxis mit Liberating Structures bekommt, lautet:

Fangt einfach an!

Haltet Ausschau nach Gelegenheiten, zu denen ihr euch selbst strukturieren könnt oder mit anderen zusammenkommt. Nutzt beispielsweise eine Struktur in eurem vertrauten Umfeld, z. B. in der Familie, mit Freund:innen oder im eigenen Team. Strukturen, die auch in kleinen Gruppen gut funktionieren, sind: **1-2-4-All**, **Troika Consulting** oder **TRIZ**.

Viele Liberating Structures könnt ihr für euch allein nutzen. Die verwendete Struktur wird dabei zu eurem Sparringspartner. So bekommt ihr Praxis, auch wenn ihr gerade keine Gruppe habt, in der ihr sie anwenden könnt oder möchtet:

- **TRIZ**, um Selbstsabotage zu beenden
- **15 % Solutions**, um eine persönliche Weiterentwicklung anzugehen
- **9 Whys**, um zu klären, was euch bei einer Tätigkeit, in die ihr viel Energie hineinsteckt, wirklich wichtig ist
- **Purpose to Practice**, um ein größeres, neues Vorhaben zu durchdenken
- **Ecocycle Planning**, um die eigenen Aktivitäten, Beziehungen und Praktiken zu betrachten und Ansätze für Entscheidungen zu finden
- **What, So What, Now What?**, um sich selbst nach einer Begebenheit zu sortieren
- **Critical Uncertainties**, um Handlungsoptionen durchzuspielen

Im Kapitel „Sich selbst strukturieren“ auf Seite 145 sind einige davon ausführlicher beschrieben.

Macht es euch leicht

Um mit einer Struktur loszulegen, müsst ihr eure Gesprächspartner:innen keine Liberating-Structures-Einführung geben, sie brauchen nicht einmal zu wissen, wie eine Struktur heißt. In den allermeisten Fällen sind Varianten von diesem Satz ausreichend: „Ich kenne eine Art, unser Gespräch zu strukturieren, mit der wir jetzt schneller ans Ziel kommen. Lasst es uns ausprobieren (es dauert nur x Minuten)."

Ihr könnt sogar noch einen Schritt weitergehen. In Gruppen, die auf Formulierungen wie „ausprobieren" oder „etwas Neues" mit Widerstand reagieren, könnt ihr auch direkt in die Anleitung der Struktur eintauchen. Ein **1-2-4-All** eröffnet ihr dann mit: „Wir bearbeiten jetzt folgende Frage gemeinsam und das tun wir, indem wir uns zunächst kurz selbst darüber Gedanken machen, uns dann zu zweit darüber austauschen, dann zu viert zusammenkommen, um zuletzt unsere Ergebnisse mit der ganzen Gruppe zu teilen."

Haltet es erst einmal einfach

Unser Arbeitsalltag ist bestimmt von Meetings und es gibt vielfältige Erfahrungen dazu, was an ihnen alles unproduktiv und nervend ist. Auch wenn es verlockend ist, mit Liberating Structures das gesamte Meeting umzukrempeln, empfehlen wir euch zunächst, mit einer einzelnen Struktur zu beginnen und so Praxiserfahrungen zu sammeln – und ein Gefühl dafür, wie sich euer Miteinander mit der Anwendung von Liberating Structures verändert.

Strukturen, die sich nahtlos in die gängige Meetingpraxis einfügen, sind **Impromptu Networking** als Check-in (ab vier Personen), **1-2-4-All** oder **What, So What, Now What?** nach einer Präsentation und **15 % Solutions** nach einem Lerninhalt.

Sucht euch Verbündete und bekommt mit anderen Praxis

Gemeinsam geht es oft viel leichter. Tut euch zusammen und besprecht eine Struktur, die ihr vorhabt auszuprobieren, oder bereitet gemeinsam ein Meeting vor:

- Wie hilft uns die Struktur bei dem, was wir erreichen wollen?
- Welche Einladung passt für unser Ziel?
- Was müssen wir vorbereiten?

Tauscht euch über die Struktur aus, leitet sie gemeinsam an und reflektiert im Anschluss darüber, was genau passiert ist. Was hat funktioniert und was nicht? Viele Anwender:innen berichten, dass ihnen dies die größten Erkenntnisse gebracht haben.

Eine gute Möglichkeit, Praxiserfahrungen mit Liberating Structures zu sammeln, sind die sogenannten User Groups. Das sind Gruppen von Liberating-Structures-Anwender:innen und Neugierigen, die sich selbst organisieren, um gemeinsam in einem sicheren Raum Liberating Structures zu erleben, auszuprobieren und mit der Anwendung zu experimentieren. Ob ihr bei den Terminen als Teilnehmende dabei seid und so die Anwendung der Strukturen erlebt oder als Teil des Design Teams den Termin mit plant und durchführt, ihr nehmt immer interessante Erkenntnisse für eure eigene Praxis mit. Jede User Group funktioniert ein wenig anders – was alle vereint, ist, dass jede:r eingeladen ist, an den kostenlosen Terminen teilzunehmen. Also schaut, ob es in eurer Gegend eine Gruppe gibt oder nehmt an einer der virtuell stattfindenden Termine teil. Eine Liste der User Groups, die uns bekannt sind, findet ihr auf der Ressourcen-Seite unter www.einfachzusammenarbeiten.de

Und jetzt kommst du!

Das ist tatsächlich schon der letzte Abschnitt des Buches. Doch für dich kann es jetzt erst richtig losgehen!

Dazu haben wir einige Gedankenanstöße vorbereitet, mit denen du das Gelesene reflektieren und dich auf deine eigene Anwendung der Liberating Structures vorbereiten kannst. Nimm dir einen Stift und vervollständige die folgenden Sätze. Lass deine Gedanken fließen, denke nicht zu sehr über Formulierungen nach.

- Nach dem Lesen des Buches fühle ich mich ...

  ____

  ____

  ____

- In folgenden der beschriebenen Situationen habe ich mich/meinen Kontext wiedererkannt:

  ____

  ____

  ____

- Was mich inspiriert hat, ist ...

  ____

  ____

  ____

- Wenn ich jetzt an die Zusammenarbeit mit anderen denke, dann ...

  ____

  ____

  ____

- Was ich ab jetzt aufhören oder anders machen möchte, ist ...

  ____

  ____

  ____

- Was ich unbedingt ausprobieren möchte, ist ...

  ____

  ____

  ____

- Ich brauche keine Erlaubnis, um ...

  ____

- Worauf ich neugierig bin, ist ...

- Eine Befürchtung/Sorge, die ich für die Anwendung von LS in meinen Kontexten habe, ist ...

- Was mir helfen könnte, diese Befürchtung aufzulösen, ist ...

- Die wichtigste Erkenntnis, die ich aus dem Buch mitnehme, ist ...

- Wenn andere mich fragen, warum sie dieses Buch lesen sollten, dann würde ich sagen ...

Gehe deine Notizen durch und überlege dir, welche Aktionen und nächsten Schritte du davon jetzt umsetzen kannst, für die du keine weiteren Ressourcen benötigst. Halte deine Aktionen fest:

Was? Bis wann? Mit wem? Wer könnte unterstützen?

(Du hast übrigens gerade „x by n writing“ und 15 % Solutions gemacht ;-))

Wir wünschen dir viel Freude beim Loslegen!

Felicitas Caterina Anja K.
Keith Roland Andreas
Birgit Alina Henriette
Susanne Melanie Stefan
Daniel Felix Hilge Ralph Sonja Carsten
Regina Kathrin Constanze
Henri Anja E. Karin
Katharina Bernhard
Markus Ina Christian Johannes
Helga Jan

Liberating Structures im Buch